Pour les Enfants de 10 à 13 ans

LES SCIENCES
PHYSIQUES ET NATURELLES
DU
CERTIFICAT D'ÉTUDES PRIMAIRES

L'HOMME — LES ANIMAUX
LES VÉGÉTAUX — PHYSIQUE — CHIMIE — PIERRES

LEÇONS — RÉSUMÉS
...ES — DEVOIRS DE RÉDACTION

PAR

Albert BRÉMANT

...ur des cours de l'École d'horlogerie de Paris,
...a commission d'examen pour les brevets de capacité,
Officier de l'Instruction publique.

VINGT-HUITIÈME ÉDITION

PARIS
LIBRAIRIE D'ÉDUCAT...
33, QUAI DES GRA...
T...

LES SCIENCES
PHYSIQUES ET NATURELLES
DU
CERTIFICAT D'ÉTUDES PRIMAIRES

COURS PRATIQUE D'ARITHMÉTIQUE

PAR

Albert DUPAIGNE (✪ I. P.)

Ancien élève de l'École Normale supérieure, Agrégé des Sciences,
Ancien professeur au Collège Stanislas, Inspecteur primaire à Paris,

ET

R. DAMBLEMONT

Directeur d'école communale à Paris

L'Arithmétique du Cours élémentaire. *Numération avec figures — Calcul mental. — Système métrique. — Calcul écrit : les quatre règles. — Notions très sommaires de Géométrie. — Exercices variés.*

DEUXIÈME ÉDITION

Un volume in-12 avec de nombreuses figures.............. Cartonné. 0 fr. 60

L'Arithmétique du Certificat d'études (COURS MOYEN). *Calcul mental, calcul écrit. — Nombres entiers, nombres décimaux. — Système métrique. — Géométrie pratique et arpentage. — Fractions. — Rapports, Proportions, Intérêt, Escompte, Mélanges et alliages. — Notions élémentaires de commerce. — Racine carrée. — 1400 exercices et problèmes dont 400 recueillis aux derniers examens du certificat d'études.*

NOUVELLE ÉDITION

Un volume in-12 avec figures.......................... Cartoné. 1 fr. 30

Tours, imp. DESLIS FRÈRES, rue Gambetta, 6.

Pour les Enfants de 10 à 13 ans

LES SCIENCES
PHYSIQUES ET NATURELLES

DU

CERTIFICAT D'ÉTUDES PRIMAIRES

L'HOMME — LES ANIMAUX
LES VÉGÉTAUX — PHYSIQUE — CHIMIE — PIERRES

LEÇONS — RÉSUMÉS
QUESTIONNAIRES — DEVOIRS DE RÉDACTION

PAR

Albert BRÉMANT

Directeur des cours de l'École d'horlogerie de Paris,
Membre de la commission d'examen pour les brevets de capacité,
Officier de l'Instruction publique.

VINGT-SIXIÈME ÉDITION

PARIS
LIBRAIRIE D'ÉDUCATION A. HATIER
33, QUAI DES GRANDS-AUGUSTINS, 33

AVERTISSEMENT

L'arrêté ministériel du 29 décembre 1891 dit que le sujet de rédaction, exigé des candidats au Certificat d'études primaires, sera désormais choisi, par l'Inspecteur d'Académie, sur l'un des trois objets suivants :

1° l'Instruction morale ou civique; 2° l'Histoire et la Géographie; 3° des *Notions élémentaires de Sciences* avec leurs applications à l'Agriculture et à l'Hygiène.

Il était dès lors indispensable de donner à l'enfant des idées nettes et précises sur ces sujets qu'il aura maintenant à traiter par écrit. Nous avons entrepris cette tâche pour les notions de sciences.

Nous avons fait un livre synthétique, un livre que l'enfant doit apprendre et pas seulement lire : *nous n'avons pas voulu noyer l'indispensable dans le détail,* — à cause de cette propension de l'élève à ne retenir que le détail — aussi n'avons-nous donné que l'indispensable. On ne trouvera donc ni dialogue, ni verbiage. Nous nous sommes cependant efforcé d'éviter la sécheresse.

Sommes-nous allé trop loin en signalant les principaux viscères humains? Nous le pensons d'autant moins, que l'on exige de l'enfant qui se présente au Certificat d'Études, de connaître les principales montagnes de la France, ses fleuves avec ses affluents, ses canaux, etc... N'est-il pas au moins aussi nécessaire qu'il connaisse le nom et la position des principaux os de sa propre charpente, celui des plus importants vaisseaux qui circulent dans son corps, les fonctions de ses organes essentiels? Et d'ailleurs tout cela vient d'être exigé des candidats à ce certificat; on peut s'en convaincre en consultant, à la fin de notre livre, la liste des devoirs donnés sur des sujets scientifiques.

Nous nous proposons, dans une prochaine édition, de compléter cette liste de sujets de rédaction, en publiant ceux qui auront été choisis dans les différents cantons de la France. Nous verrons bien alors que nous sommes resté dans la mesure. D'ailleurs nous avons constamment eu pour guide ce commentaire de Monsieur Gréard : « L'objet de l'enseignement primaire n'est pas d'embrasser, sur les diverses matières auxquelles il touche, tout ce qu'il est possible de savoir, mais de bien apprendre dans chacune d'elles ce qu'il n'est pas permis d'ignorer. »

LIVRE PREMIER

CHAPITRE I

L'HOMME

1. — De tous les êtres répandus à la surface du sol, celui qui doit naturellement fixer notre attention et que nous devons le mieux connaître, c'est nous-même, c'est l'homme.

2. — En même temps qu'une âme immortelle, l'homme seul a reçu de Dieu la raison et la parole. Ces dons précieux, en lui permettant de discerner le bien et le mal, de concevoir l'idée de son Créateur et de ses devoirs envers lui, le placent à une distance infinie et l'élèvent au-dessus de tous les animaux. Il se rattache cependant au *Règne animal* par son organisation corporelle : c'est cette merveilleuse organisation que nous allons étudier, et, sans aucun doute, avec le plus grand intérêt.

3. **Avantages physiques.** — Même au seul point de vue de sa constitution matérielle, l'homme l'emporte incontestablement sur tous les autres animaux. Quelques-uns d'entre eux peuvent être plus forts que lui, d'autres avoir certains sens, tels que la vue, l'ouïe, plus développés que les siens; aucun ne présente, dans son organisme, un ensemble aussi parfait, ne réunit à la fois et au même degré de perfection, les cinq sens, toutes les qualités physiques, en un mot, qui en font le chef-d'œuvre de la création.

Seul l'homme se tient droit sur la terre. Sa main

est merveilleusement organisée pour prendre et manier les objets. Il peut se plier facilement aux changements de climats; il se nourrit de viandes et de légumes, alors que tous les animaux se cantonnent, chaque espèce sous un climat spécial et qu'ils se nourrissent, sauf quelques exceptions, les uns de viandes, d'autres de végétaux.

4. Principales races d'hommes.—Les hommes ont été divisés en quatre races principales, qui diffèrent entre elles autant par leurs caractères physiques que par leurs mœurs :

La race **blanche** ou caucasique.
La race **jaune** ou mongolique.
La race **noire** ou africaine.
La race **rouge** ou américaine.

Les hommes de la *race blanche* ont la peau claire, et non pas blanche, ils sont les plus intelligents et leur influence s'étend sur tous les autres hommes;

Fig. 1. — Race blanche.

ils comprennent les Européens, les Arabes, les Indiens, les Kabyles d'Algérie (*fig.* 1).

Les hommes de la *race jaune* ont la peau jaunâtre, ils sont de petite taille, aux cheveux noirs et aux yeux obliques (*fig.* 2); tels sont les Japonais et les Chinois.

La *race noire* (*fig.* 3) comprend les hommes à peau noire, les nègres; ils ont les cheveux frisés, le nez

Fig. 2. — Race jaune. Chinois.

Fig. 3. — Race noire. Africain.

Fig. 4 — Race rouge. Américain.

aplati, les lèvres épaisses. D'une intelligence encore peu développée, ils ne se construisent que des huttes et cultivent à peine la terre; on les rencontre dans le Soudan, au Congo, dans les vallées du Niger et sur les hauts plateaux du centre de l'Afrique.

La *race rouge* a la peau cuivrée ou noire; ce sont de véritables sauvages. mais courageux et intelligents; ils sont sans relâche repoussés et détruits par les blancs; on en trouve encore au centre des deux Amériques (*fig.* 4).

Il existe encore d'autres races d'hommes inférieures, soit aux environs du Cap, soit en Australie, dont l'intelligence est à l'état tout rudimentaire; certaines peuplades ne connaissent pas l'usage du feu. Mais leur nombre décroît chaque jour devant la marche incessante de la civilisation.

Résumé.

2. — Doué d'une âme raisonnable et de qualités morales qui l'élèvent au-dessus de tous les animaux, l'homme est un être à part.

3. — Cependant, par son organisation corporelle, il se rattache au **Règne animal**, au sommet duquel le place l'ensemble de ses qualités physiques. La perfection de son organisme fait de lui le chef-d'œuvre de la création.

4. — Les principales races d'hommes sont la *race blanche* ou *caucasique*, la plus intelligente; la *race jaune* ou *mongolique;* la *race noire* ou *africaine* et la *race rouge* ou *américaine*.

Questionnaire. — 1. En quoi l'homme est-il supérieur aux animaux? — 2. Nommez les principales races d'hommes, et donnez quelques caractères de chacune de ces races?

CHAPITRE II

SQUELETTE

5. **Squelette.** — Le corps humain est soutenu par une charpente plus ou moins résistante, suivant l'âge, et formée par un ensemble d'**os** qu'on appelle *squelette* (*fig*. 5).

Les os sont formés de deux sels terreux : le phosphate et le carbonate de chaux, puis d'une matière animale, la gélatine (dont on fait la colle forte). Les os ne sont pas toujours durs; dans le jeune âge ils sont élastiques, on les appelle *cartilages*.

6. **Colonne vertébrale.** — La partie principale du squelette est la *colonne vertébrale*, elle supporte la tête; à elle se trouvent reliés les bras; elle est soutenue par les jambes.

La *colonne vertébrale* est formée de petits os plats, nommés *vertèbres*, empilés les uns au-dessus des autres. De chacune des vertèbres du dos part un os plat en forme de cerceau qui vient s'arrêter en avant à un os appelé *sternum;* chacun de ces os est une *côte;* l'homme en a douze paires. La cage formée par le dos, le sternum et les côtes est la *poitrine*.

7. **Tête.** — La *tête* est formée par les os du *crane* et ceux de la *face*. Dans la face nous trouvons plu-

sieurs cavités; dans les cavités supérieures, appelées *orbites*, sont logés les yeux; au centre sont les *fosses nasales*, ouvertures du nez; et au-dessous la *bouche* protégée par deux os, les *maxillaires* qui forment les

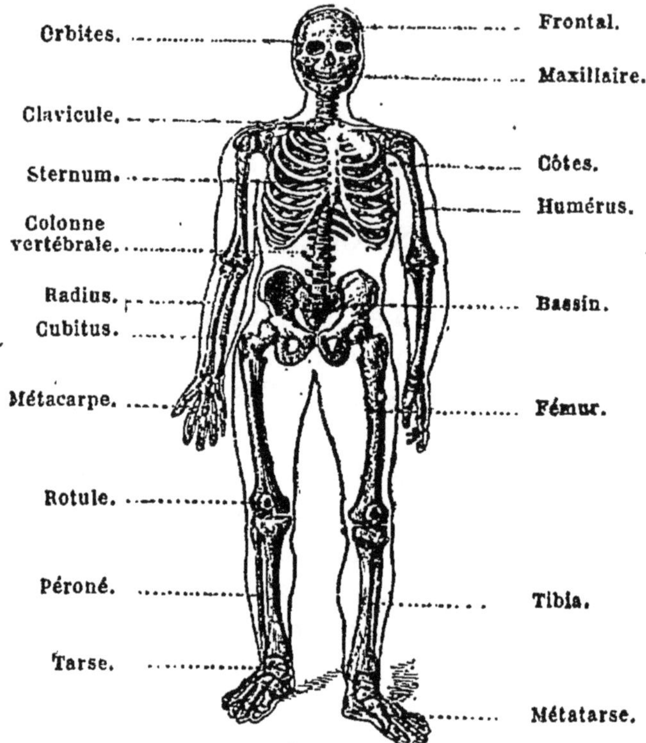

Fig. 5. — Squelette.

mâchoires; le maxillaire supérieur est solidement attaché au crâne; le maxillaire inférieur est le seul qui s'abaisse et s'élève lorsque nous mangeons ou que nous parlons.

8. Membres supérieurs. — Les membres supérieurs comprennent l'*humérus*, os du bras; le *radius* et le *cubitus*, tous deux dans l'avant-bras; puis un ensemble de petits os dans le poignet, qui prennent le nom de *carpes;* les *métacarpes* dans la paume de la main; et les *phalanges* dans les doigts. Ces membres supérieurs sont reliés à la colonne vertébrale par deux os disposés en épaulettes, les *clavicules;* et par deux autres dont une partie est aplatie sur le dos, les *omoplates.*

9. Membres inférieurs. — Dans les membres inférieurs se trouvent : le *fémur*, os de la cuisse; la *rotule*, petit os du genou; le gros *tibia* et le petit *péroné*, dans la jambe; les os *tarses*, à la cheville; les *métatarses*, dans la plante des pieds; et les *phalanges*. dans les orteils. Les membres inférieurs sont reliés à la colonne vertébrale grâce à une vaste ceinture osseuse très résistante, qui, à cause de sa forme, prend le nom de *bassin.*

ARTICULATIONS, LIGAMENTS, MUSCLES, PEAU.

10. Ligaments. — Les os sont solidement attachés les uns à la suite des autres à l'aide de bandelettes non élastiques appelées *ligaments;* et l'endroit où ils sont fixés se nomme *articulation.*

Lorsqu'une action violente a considérablement tiraillé un ligament, elle provoque une *entorse;* si le mouvement est assez violent pour faire déplacer l'un des os de l'articulation, l'entorse se complique d'une *luxation.*

11. Muscles. — Sur les os se trouve de la chair, ou mieux des *muscles*. Ces muscles sont formés de filaments rouges réunis en faisceaux distincts: ils sont fixés par chacune de leurs extrémités à des os du squelette. Ils jouissent de cette singulière propriété de se raccourcir et de s'allonger à volonté; de sorte qu'ils entraînent dans leurs mouvements l'un des os auxquels ils sont attachés. Les muscles sont les vrais organes du mouvement. Il y en a un nombre considérable faisant produire les mouvements les plus divers. Lorsque vous ouvrez la bouche, fermez les yeux, allongez le bras (*fig.* 5 *bis*), pliez la jambe, etc., autant de muscles qui fonctionnent.

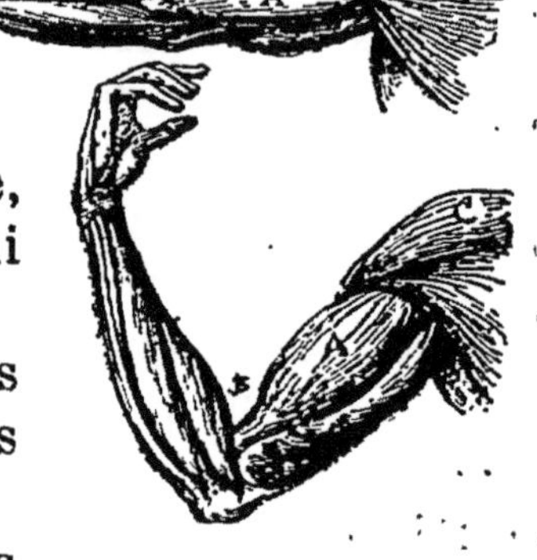

Fig. 5 *bis*.

Les muscles sont recouverts d'une membrane qui sert à les protéger : c'est la *peau*.

La **peau** qui recouvre nos muscles, aussi bien à l'extérieur qu'à l'intérieur du corps, est percée de petits trous ou *pores*, qui permettent l'écoulement soit de la sueur, soit des matières grasses sécrétées par des glandes spéciales.

Hygiène des organes du mouvement.

12. — D'une façon générale, l'*hygiène* est une science qui a pour but de rechercher les meilleures conditions de la santé, et de trouver les moyens de sa conservation. L'étude de l'hygiène est un devoir absolu; car l'homme est responsable de sa santé et de sa vie.

13. — Un des éléments les plus puissants pour la conservation de la santé, c'est l'*exercice*. Un exercice modéré accroît l'action de tous les organes; et sous son influence, les muscles et les os prennent une plus grande souplesse et un plus grand développement. Or, le mouvement est à la portée de toutes les bourses, surtout même des plus pauvres; nulle excuse donc de s'en priver.

Le meilleur exercice est la *marche;* elle est surtout indispensable chez l'enfant, qui ne doit pas craindre d'aller, de venir, de courir, de sauter aux heures permises, et tout cela au grand air. Le grand air est facile à recommander à l'heureux habitant de la campagne; mais le citadin devra l'aller prendre le plus souvent possible : une fois par semaine, à la rigueur, il courra la campagne, les bois, les champs accidentés.

Pour ceux dont le travail sédentaire est une condition d'existence matérielle, ils devront en corriger les effets désastreux par la *gymnastique*, mais une gymnastique bien entendue. Et pour cela, point n'est besoin d'appareils coûteux : les marches, la course, la natation, les sauts, etc., seront souvent suffisants.

14. — L'exercice appelle le repos; mais le repos sera proportionnel à la perte des forces, et n'aura pour but que la réparation de ces forces. Or, le meilleur repos est le *sommeil;* la durée du sommeil utile varie suivant les âges, le tempérament, le sexe et les circonstances de travail. Elle est en moyenne :

De 10 à 12 heures pour les jeunes enfants;
De 10 heures pour les enfants jusqu'à 10 ans;
De 9 heures pour les adolescents;
De 8 heures dans l'âge adulte.

Le sommeil de la nuit est de beaucoup le plus réparateur, et faire du jour le moment du sommeil est un des plus grands manquements aux règles de l'hygiène.

15. — Nous avons vu que la *peau* était percée de trous par lesquels s'échappait la sueur mélangée à des acides et à de la graisse. Or, si l'on vient à supprimer brusquement la transpiration, la mort ne tarde pas à venir; il est donc indispensable que cette fonction d'élimination s'effectue sans gêne, que les pores de la peau ne soient pas bouchés par des corps étrangers.

On ne saurait donc prendre, pour la peau, de soins trop excessifs de *propreté;* avec elle on peut lutter contre les plus mauvaises conditions hygiéniques.

Le bain frais, accompagné de frictions vigoureuses avec la brosse et le savon noir, est celui qui fournit les meilleurs avantages et de nettoiement et de tonification de la peau.

Les ablutions partielles du matin et du soir contribueront puissamment à l'hygiène générale de l'individu.

Résumé.

5, 6 et 7. — Le **squelette** est l'ensemble des *os* qui soutiennent l'homme. Il comprend la *colonne vertébrale* d'où s'échappent douze paires de *côtes* qui viennent se réunir au *sternum;* elle supporte le *crâne.*

8. — Dans les bras se trouvent l'*humérus*, le *radius* et *cubitus*, le *carpe*, le *métacarpe* et les *phalanges;* ils sont reliés à la colonne vertébrale par la *clavicule* et l'*omoplate.*

9. — Les membres inférieurs sont formés du *fémur*, de la *rotule*, du *tibia*, du *péroné*, du *tarse*, du *métatarse* et des *phalanges;* ils sont reliés à la colonne vertébrale par le *bassin.*

10. — Les os sont fixés aux articulations par des *ligaments.*

11. — Les **muscles**, contractiles et dilatables sous l'influence de la volonté, font mouvoir les os auxquels ils sont fixés. Ils se trouvent protégés par la *peau.*

12. — L'**hygiène** nous prescrit le mouvement : *marche, sauts modérés, gymnastique.* Le *sommeil* ne doit venir que pour réparer les forces. Les *soins de propreté* sont de première nécessité : bains complets, ablutions partielles du matin et du soir.

Questionnaire. — 1. Qu'entend-on par squelette? — 2. De quoi est formée la colonne vertébrale? — 3. Quels os forment la poitrine? — 4. Dites quelque chose des parties de la tête. — 5. Nommez les os des membres supérieurs; ceux des membres inférieurs; comment sont-ils reliés à la colonne vertébrale? — 6. Par quoi sont fixés les os? — 7. Qu'est-ce que les muscles? — 8. Quelle singulière propriété possèdent-ils? — 9. Par quoi sont-ils recouverts? — 10. En quoi consiste l'hygiène? — 11. Quels principes d'hygiène sont applicables aux organes du mouvement?

CHAPITRE III

DIGESTION

16. — Il faut mettre du charbon dans le foyer de la locomotive pour qu'elle marche; de même il faut que l'homme se nourrisse pour agir. L'aliment de l'homme est le charbon de la locomotive. La première opération de nutrition est la *digestion*; viennent ensuite la *respiration* et la *circulation*.

17. — **L'appareil digestif** commence à la *bouche* et se continue par un tube droit qui traverse la poitrine en longeant la colonne vertébrale : c'est l'*œsophage*. L'œsophage communique avec une poche en forme de cornemuse, de trois litres de capacité, l'*estomac*. A sa suite se trouve un conduit un peu plus gros que le pouce, à replis très nombreux, c'est l'*intestin grêle*, débouchant dans un tube plus gros, le *gros intestin* (*fig*. 6).

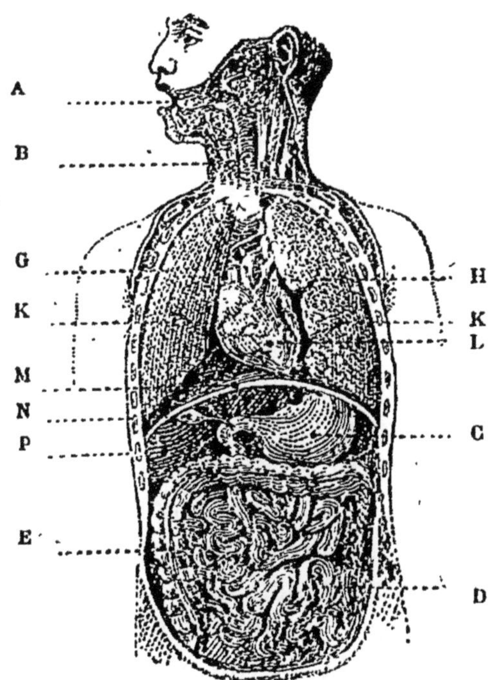

Fig. 6. — Appareil digestif.
A. Bouche. — B. Œsophage. — C. Estomac. — D. Intestin grêle. — E. Gros intestin. — G. Artère aorte. — H. Veines pulmonaires. — K. Poumons. — L. Cœur. — M. Diaphragme. — N. Vésicule de la bile. — P. Foie.

18. — Le but final de la digestion est de transformer les aliments en un liquide d'apparence laiteuse appelé **chyle**, liqueur éminemment nutritive. Voyons où et comment cette transformation a lieu.

19. **Mastication.** — Tout d'abord dans la bouche les aliments sont coupés et broyés par les *dents*, puis humectés d'un liquide, la *salive*, fourni par les *glandes* dites *salivaires* qu'on voit bien sous la langue.

Les dents, à cause de leurs formes et par conséquent de leurs fonctions, sont dites *incisives* pour couper, *canines*, pour déchirer, *molaires*, pour moudre. Jusqu'à l'âge de sept ans, l'enfant n'a que vingt dents; vers cet âge, ces premières dents, appelées dents de lait, tombent; elles sont remplacées par d'autres qui, perdues, ne repousseront plus; et vers vingt ans, quand la dentition est complète, l'homme possède trente-deux dents, seize à chaque mâchoire, comprenant quatre incisives en avant, deux canines, une de chaque côté des incisives, et dix molaires ou grosses dents au fond.

20. Première digestion. — L'action combinée des dents, de la salive et de la langue transforme l'aliment en une boule pâteuse déjà assez liquide. Mais surtout : *la salive transforme les matières farineuses en un véritable sucre* qui se dissout alors dans l'eau chaude de la salive, absolument comme disparaît en apparence un morceau de sucre qu'on dépose dans un verre d'eau. Ainsi, dans la bouche, le pain, les pommes de terre, les haricots et toutes les matières contenant de la farine se trouvent, en partie, transformées en eau sucrée; voilà bien une importante action de digestion.

21\. — De la bouche, la boule alimentaire passe dans l'œsophage où elle chemine sans subir de modification.

22. Deuxième digestion. — Arrivées dans l'estomac, les matières animales composant nos aliments : les viandes, les œufs, etc., se trouvent soumises à l'action d'un liquide, le *suc gastrique* sécrété par les parois de l'estomac. *Ce suc agit sur les matières animales pour les dissoudre*, comme la salive avait dissous, après les avoir transformées, les farines apportées dans la bouche. Voilà une nouvelle action de digestion.

23. Troisième digestion. — La troisième et dernière digestion s'effectue lorsque les aliments sortant de l'estomac pénètrent dans l'intestin grêle. Là, deux liquides, l'un la *bile* sécrétée par une grosse glande, le *foie*, puis le *suc pancréatique* sécrété par une autre glande, le *pancréas*, viennent se déverser dans l'intestin grêle. Ces deux liquides ont pour effet de continuer l'action de la salive sur les farines et du suc gastrique sur les matières animales qui ont pu leur échapper; ils agissent également sur les graisses. C'est là maintenant que nous trouvons ce liquide laiteux, le *chyle*, qui contient la partie utile des aliments.

24. Absorption. — Mais le chyle ne nous servirait à rien s'il restait dans l'intestin; il faut qu'il se rende dans toutes les parties de notre corps pour remplacer les parties usées de notre organisme, pour accroître le corps de l'enfant, pour faire pousser nos cheveux, etc. Or, nos cheveux sont loin de l'intestin; le chyle s'y rend cependant conduit par le sang.

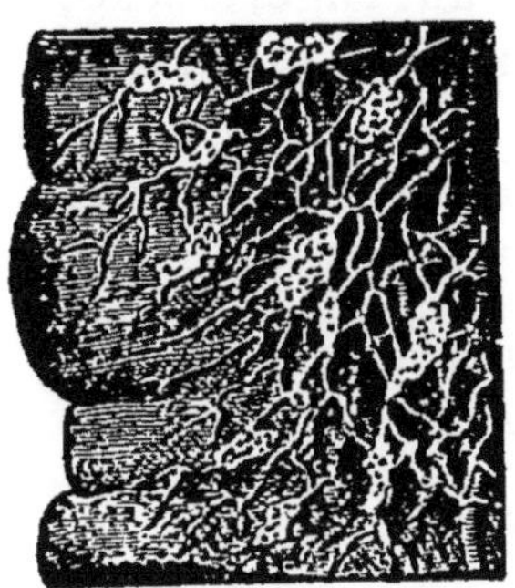

Fig. 6 *bis*. — Vaisseaux chylifères tapissant la membrane extérieure de l'intestin grêle.

25. — L'intestin grêle se trouve tapissé extérieurement par un nombre considérable de petits tuyaux (*fig.* 6 *bis*). Ceux-ci se réunissent à un plus gros tube qui communique lui-même avec un des vaisseaux qui conduisent le sang dans tout le corps. Le chyle traversant la membrane de l'intestin grêle pénètre dans les petits conduits qui le tapissent et passe ainsi dans le sang.

Ce passage du liquide nourricier a travers l'enveloppe de l'intestin n'a rien qui doive nous étonner, car toutes les membranes animales ou végétales possèdent cette même propriété d'être percées de petits trous ou pores qui laissent assez facilement passer les liquides.

Voilà donc le morceau de pain et de viande dans le sang, nous allons le suivre tout à l'heure.

Hygiène de la nutrition.

26. Aliments. — On donne le nom d'aliments à toutes les substances, qui, introduites dans le tube digestif, sont susceptibles d'être transformées en chyle. Sauf le sel, nous tirons nos aliments du règne végétal et du règne animal.

La quantité d'aliments utiles à absorber est difficile à apprécier exactement, car elle varie suivant l'âge, le sexe, le travail, la saison, le climat, etc., mais d'une façon générale elle doit être proportionnelle à la dépense.

On a calculé que, en moyenne, l'alimentation utile d'un adulte ne devait pas s'éloigner, par jour, de

400 grammes de carbone et 20 grammes d'azote,

éléments qu'on trouve réunis dans

350 grammes de viande et 900 grammes de matière féculente sèche,

auxquels doivent s'ajouter 500 grammes de liquide, soit 1/2 litre d'eau. Les aliments solides pourront donc se répartir en :

Pain, 800 gr. — Viande, 350 gr. — Riz, 100 gr.

27. — Il est nécessaire de réunir des aliments animaux aux aliments végétaux, c'est-à-dire de manger de la viande et des légumes, pour rendre à l'organisme les éléments qu'il perd à tout instant. Mais cependant il existe de nombreuses personnes qui ne se nourrissent que de végétaux, en ajoutant cependant le lait et les œufs; et même, comme valeur hygiénique, le régime animal est beaucoup moins propre que le régime végétal à satisfaire les besoins de la nutrition. D'ailleurs, la force musculaire des Parisiens qui, à eux seuls, consomment le quart de la production annuelle de la viande de boucherie en France, est bien inférieure à celle des habitants de la campagne, dont les légumes constituent la nourriture principale.

Mais un régime végétal, légèrement animalisé, est celui qui convient le mieux à l'espèce humaine.

28. **Boissons.** — Pour aider à la dissolution et à la division des aliments, les boissons ont une grande efficacité. La boisson par excellence est **l'eau potable.** Pour être potable, l'eau doit contenir de l'air, 2 à 3 dix-millièmes de sels solubles, et être dépourvue de matières organiques : telles sont les eaux de sources ordinaires.

Les autres boissons habituelles sont fermentées ou alcooliques, comme le vin, la bière, le cidre.

En distillant les boissons fermentées on obtient l'alcool.

Les boissons alcooliques étendues d'eau stimulent les fonctions nutritives; mais, prises pures et d'une façon immodérée, elles amènent des désordres digestifs et cérébraux qui ne tardent pas à conduire à la folie, puis à la mort.

On doit éviter de prendre des boissons froides lorsque le corps est en sueur, l'inobservance de ce conseil pouvant amener des accidents intestinaux et pulmonaires souvent très graves.

29. — Les règles à suivre pour obtenir une digestion régulière et facile sont en réalité peu nombreuses : il faut mâcher les aliments de façon à les broyer le plus possible, manger lentement; prendre une nourriture saine et sainement préparée; ne prendre que la quantité qu'il est possible de digérer; manger peu le soir;

ne manger jamais sans appétit et cesser lorsqu'il est satisfait, prendre un exercice modéré après le repas, et ne pas se mettre au lit immédiatement après avoir mangé.

Résumé.

16 et 17. — **L'appareil digestif** de l'homme comprend la *bouche*, *l'œsophage*, *l'estomac*, *l'intestin grêle* et le *gros intestin*.

18. — La digestion a pour but de *dissoudre* les aliments et de les transformer en **chyle**.

19 à 23. — Elle s'effectue grâce aux *trente-deux dents : canines*, *incisives*, *molaires*; à la *salive* qui transforme en sucre les farines; au *sucre gastrique* qui dissout les matières animales; à la *bile* et au *suc pancréatique* qui continue l'action de la salive et du suc gastrique.

24 et 25. — Le chyle passe à travers la membrane de l'intestin grêle dans les conduits qui le déverseront dans le sang.

26. — On ne doit manger que la quantité nécessaire à réparer ses forces; les aliments végétaux avec un peu de viande sont ceux qui conviennent le mieux à l'homme.

28. — La boisson par excellence est l'eau bien pure et fraiche. L'emploi des boissons alcooliques amène des désordres digestifs; l'excès de ces liqueurs conduit à la folie, puis à la mort.

Questionnaire. — 1. Quels organes comprennent le tube digestif? — 2. Quel est le but final de la digestion? — 3. Quelle action de digestion se produit dans la bouche? — 4. Combien l'homme possède-t-il de dents? — 5. Combien de chaque sorte? — 6. D'où provient la salive? — 7. Quelle action se passe dans l'estomac, et sous l'action de quel liquide? — 8. Quelle digestion s'effectue dans l'intestin grêle? — 9. Les aliments restent-ils là? — 10. Où passent-ils? — 11. Quels principes d'hygiène sont applicables à la digestion?

Soins à donner aux dents. — Les dents, qui sont les organes de la mastication, doivent être entretenues avec beaucoup de soins. Il faut les tenir bien propres, en se rinçant la bouche avec de l'eau pure après chaque repas, en les lavant tous les jours avec une brosse molle enduite de charbon pulvérisé. Il faut en outre éviter de boire ni trop chaud ni trop froid, et surtout de boire froid immédiatement après un potage chaud. L'émail se détruit ou se fendille et laisse à nu l'ivoire qui s'altère rapidement.

CHAPITRE IV

CIRCULATION

30. Sang. — Le *sang* est un liquide jaunâtre dans lequel nagent une énorme quantité de globules rouges qui communiquent au sang sa couleur vermeille. Le nombre des globules est si considérable qu'on en compte cinq à six millions par goutte. Le sang renferme tous les éléments de nos organes, au point qu'on a pu l'appeler de la *chair coulante.*

31. — Le sang circule dans des tubes qui, suivant leur aspect et leur consistance, s'appellent *artères* ou *veines;* il se déplace grâce aux contractions et aux dilatations du *cœur.*

32. Cœur. — Le *cœur* (*fig.* 7) est un muscle creux, de la grosseur du poing, logé dans la poitrine entre les deux poumons. Il se trouve traversé, dans le sens de la hauteur, par une cloison sans ouverture, puis, dans le sens de la largeur, par une autre cloison munie de deux ouvertures. Il comprend alors quatre cavités inégales : les deux supérieures s'appellent *oreillettes* (*fig.* 8), les deux inférieures, *ventricules;* chaque oreillette com-

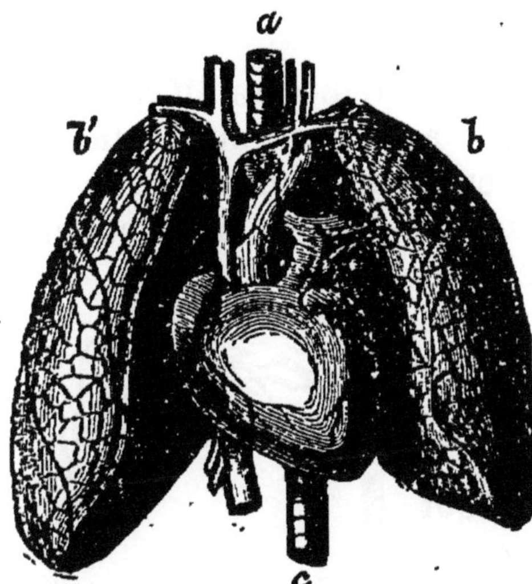

Fig. 7. — Le cœur logé entre les deux poumons.

munique avec son ventricule, mais la partie droite du cœur ne communique pas avec sa partie gauche.

33. Artères. — Les *artères* à parois épaisses et résistantes partent du cœur, l'une du ventricule gauche, l'autre du ventricule droit, et se répartissent dans tout le corps en se ramifiant de plus en plus pour être si nombreuses lorsqu'elles arrivent à fleur de la peau, qu'il est impossible de se piquer avec la plus fine pointe d'une aiguille sans en ouvrir une, qui laisse échapper quelques gouttes de sang; elles sont alors si fines qu'on a pu les comparer à des cheveux, et les appeler pour cette raison *vaisseaux capillaires*.

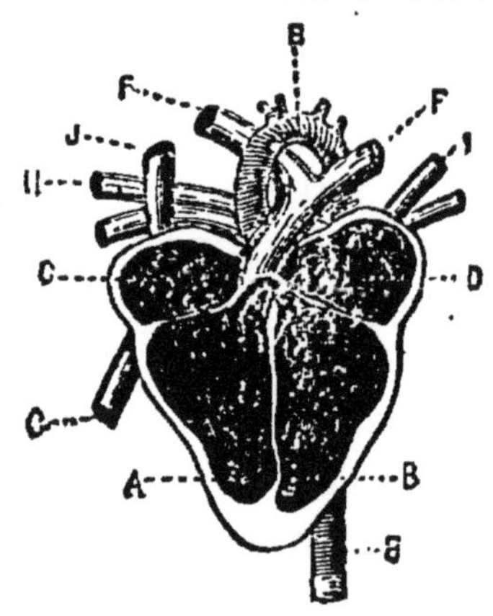

Fig. 8. — Le cœur divisé en quatre cavités : A. B. Ventricules. — C, D. Oreillettes. — E, Artères. — F, H, I, J. Veines.

Ces vaisseaux capillaires, extrêmes ramifications des artères, communiquent avec des ramifications aussi fines et aussi nombreuses des veines (*fig.* 9).

34. Veines. — Les *veines* sont à parois minces et flasques; elles partent des oreillettes, et, comme les artères, vont se ramifiant de plus en plus pour se terminer en capillaires à la peau.

Fig. 9. — Vaisseaux capillaires reliant les artères aux veines.

35. Circulation. — Tout l'appareil circulatoire, *cœur*, *artères*, *veines*, étant plein de sang, si le cœur se contracte, il refoulera le sang; s'il se dilate, il l'obligera à revenir; ces mouvements du cœur sont en effet la cause du déplacement du sang, de sa circulation.

Le sang effectue dans notre corps deux espèces de trajets : un long appelé *grande circulation*, un court nommé *petite circulation*.

Dans la grande circulation, le sang part du ventricule gauche, conduit par la plus grosse artère dite *artère aorte* et se rend jusqu'à la peau de tout notre corps, dans la tête comme dans les pieds (*fig.* 10) ; il revient, conduit par des veines, et se déverse dans l'oreillette droite. Il termine là sa grande circulation. Il était parti rouge vif, chargé d'aliments, il revient au cœur tout noirci des résidus usés de l'organisme, incapable d'entretenir la vie.

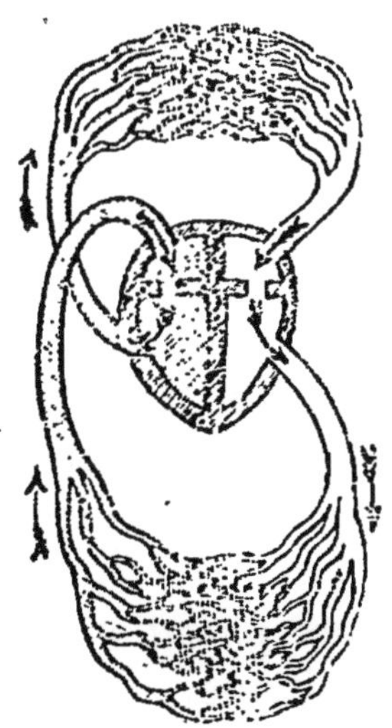

Fig. 10. — Grande et petite circulation.

De l'oreillette droite, le sang passe dans le ventricule droit, où, pris de nouveau par une artère, cette fois, l'*artère pulmonaire*, il est conduit dans les poumons que nous allons étudier tout à l'heure. Là, dans le voisinage de l'air, il abandonne les gaz qui le rendaient impropre à entretenir la vie, surtout l'acide carbonique, et prend en échange le gaz de vie par excellence, l'oxygène ; il reprend aussitôt sa belle coloration et surtout ses propriétés actives. Il est alors ramené au cœur dans l'oreillette gauche par des veines pulmonaires. Le sang vient de terminer sa petite circulation : le trajet est court, en effet, puisque le cœur repose entre les deux poumons. De l'oreillette gauche il repasse dans le ventricule gauche pour recommencer son grand trajet.

Ainsi donc, la même quantité de sang se chargeant à tout instant d'aliments et devenant tour à tour impur, puis revivifié, entretient la vie dans tout notre corps.

36. — C'est parce que le sang se rend dans toutes les parties du corps qu'il peut être si dangereux et quelquefois si salutaire d'inoculer dans les veines une seule goutte d'un liquide étranger. Le serpent venimeux ou le chien enragé qui mordent inoculent une parcelle de poison qui suffit à corrompre le sang et à amener la mort; par contre, une goutte de vaccin introduite dans les vaisseaux capillaires par la lancette du médecin suffit à abaisser la mortalité par la variole de 1 sur 10 qu'elle était, à 1 sur 2,378; elle a allongé de trois ans la vie moyenne des individus vaccinés et diminué de 1/4 le nombre des aveugles en France.

37. — Les battements du cœur, ses *pulsations*, sont sensibles non seulement à la poitrine, mais encore en tous les endroits où une artère assez grosse est voisine de la peau : ainsi de chaque côté de la gorge, aux poignets, etc. C'est cette dernière que le médecin vient tâter pour constater la présence de fièvre chez le malade. En l'état normal d'un homme, le *pouls* doit battre 70 pulsations par minute; s'il en produit plus, il y a fièvre.

Résumé.

30 et 31. — Le **sang** est un liquide jaunâtre dans lequel nagent une infinité de *globules* rouges. Il circule dans notre corps dans des *artères* et des *veines*.

32, 33 et 34. — Le **cœur** est le centre de l'appareil circulatoire, c'est un muscle à quatre cavités : deux oreillettes et deux ventricules.

La circulation chez l'homme est *double*.

35, 36. — Dans la **grande circulation**, le sang pur part du ventricule gauche; conduit par l'*artère aorte*, il se rend jusque dans les *vaisseaux capillaires* qui tapissent toute notre peau; il revient impur, conduit par des veines qui le déversent dans l'oreillette droite.

Dans la **petite circulation**, le sang impur part du ventricule droit par l'artère pulmonaire, se rend au poumon où il se purifie en présence de l'air et revient purifié dans l'oreillette droite conduit par les veines pulmonaires.

37. – Le **pouls** normal bat, chez l'homme, 70 pulsations par minute.

Questionnaire. — 1. Qu'est-ce que le sang? — 2. Pourquoi circule-t-il? — 3. De quoi se compose le cœur? — 4. Les quatre cavités communiquent-elles entre elles? — 5. Les artères et les veines sont-elles semblables? — 6. Indiquez le trajet du sang dans la grande circulation; dans la petite? — 7. Où se sentent les pulsations du cœur? — 8. Combien doit-il s'en produire normalement par minute?

CHAPITRE V

RESPIRATION

38. — La **respiration** a pour but de mettre l'air en présence du sang dans notre corps. Elle s'effectue dans un appareil peu compliqué dit *appareil respiratoire* (*fig.* 11).

L'air entre par la bouche ou par le nez et pénètre dans un conduit très résistant, qui longe en avant l'œsophage, c'est la *trachée*. La trachée bifurque bientôt en deux troncs appelés *bronches* qui, se ramifiant de plus en plus, forment deux masses spongieuses appelées *poumons*, logées dans la poitrine. Pour que l'air puisse entrer jusqu'aux poumons, la poitrine exécute deux mouvements, l'un de dilatation, l'autre de contraction, appelés *inspiration* et *expiration*, tout à fait semblables à ceux qu'exécute un soufflet servant à activer le feu. Quand nous écartons les lames du soufflet ou quand notre poitrine se soulève, l'air entre : c'est l'*inspiration*; quand au contraire nous rapprochons les lames ou quand notre poitrine s'affaisse, l'air est chassé au dehors : c'est l'*expiration*.

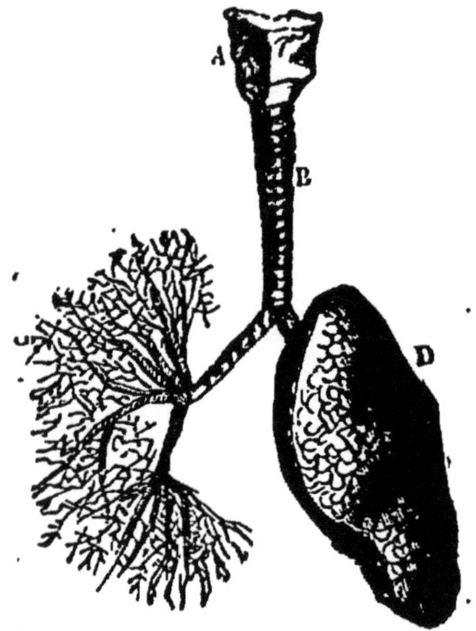

Fig. 11. — Appareil respiratoire : A. Larynx. — B. Trachée. — D. Poumons.

39. — Quand l'air entre dans nos poumons, il se trouve dans le voisinage du sang et permet l'échange des gaz que nous avons signalé dans la circulation, qui transforme le sang impur en sang actif.

40. — Si la respiration ne pouvait s'effectuer, le sang resterait empoisonné et causerait notre mort par *asphyxie*.

41. — La respiration permet encore d'entretenir dans notre corps une température assez élevée : 37 degrés. Elle fournit en effet à notre sang l'agent essentiel des combustions : l'oxygène pris à l'air, lequel porté dans tout notre corps brûlera en route les résidus de l'organisme et fournira cette chaleur intérieure appelée *chaleur animale*. Cette chaleur est d'autant plus élevée que la respiration est plus active. Nous verrons, en effet, que chez les animaux où la respiration est très lente le corps reste froid.

42. **La voix.** — La trachée est renflée à sa partie

supérieure pour former le *larynx* (*fig.* 12) ; c'est lui que nous appelons la pomme d'Adam, qui cause cette saillie en avant du cou. Dans le larynx, les cartilages se trouvent disposés en lames qui portent le nom de *cordes vocales*. Or vous savez que lorsqu'on déplace rapidement des lames, elles vibrent en produisant des sons ; eh bien, si, sous l'action de votre volonté, vous chassez brusquement l'air des poumons, il fera vibrer les cordes vocales de votre larynx qui produiront un son. Ce son articulé, grâce au jeu des lèvres, des joues, de la langue, constituera la *voix*.

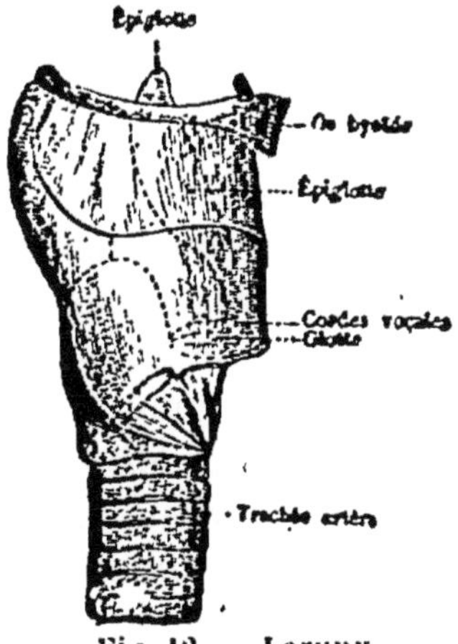

Fig. 12. — Larynx.

Hygiène de la respiration.

43. — Puisque c'est l'air qui est l'agent le plus essentiel à la vie, la qualité de l'air respiré devra avoir la plus grande influence sur la santé.

L'air sera vivifiant s'il renferme de l'oxygène dans les proportions normales. 1 cinquième de son volume, et 4 cinquièmes d'azote, et s'il ne contient pas d'autres gaz.

L'air frais des montagnes et surtout celui de la mer sont extrêmement salutaires.

44. — On devra éviter d'habiter des endroits voisins des marais, à cause du dégagement des miasmes provenant de la décomposition des matières végétales qui croissent sur leurs bords.

A la campagne, on devra toujours placer le fumier de la cour le plus loin possible des ouvertures de la maison.

45. — A l'intérieur de l'habitation, la chambre dans laquelle on doit passer la nuit doit avoir au moins 15 mètres cubes par personne.

46. — On doit souvent aérer une salle dans laquelle se

tiennent de nombreuses personnes, surtout le soir alors que brûlent les lampes à l'huile, les bougies ou le gaz : car, à l'acide carbonique expiré, vient se joindre celui que dégagent les combustions de l'huile, bougies, gaz. Or il suffit que l'atmosphère de la pièce contienne seulement 4 millièmes d'acide carbonique pour que les personnes qui s'y trouvent en soient incommodées : elles ressentent d'abord des maux de tête, des oppressions, des étouffements, premiers symptômes de l'asphyxie.

47. — On devra bien se garder d'allumer du charbon, ou même du bois, dans un réchaud placé à l'intérieur de la pièce ou dans une cheminée dont le tirage serait insuffisant; car, dans ces combustions, à l'acide carbonique fourni vient s'ajouter un gaz des plus toxiques : l'oxyde de carbone. Pour les mêmes raisons, on évitera de fermer la clef des tuyaux de poêle, sous prétexte de conserver la chaleur.

48. — Les poêles en fonte seront proscrits de la chambre à coucher : car la fonte contient du carbone, et, lorsqu'on la chauffe au point de la rougir, le carbone s'unit à l'oxygène de l'air pour former de l'oxyde de carbone. Cet inconvénient est surtout grave quand la fonte est neuve.

49. — Les fleurs seront également bannies de la chambre à coucher, à cause des gaz délétères qu'elles exhalent. Par contre, les arbres verts ont, dans le jour, une influence très salutaire : ils purifient l'air en le débarrassant de l'acide carbonique que la respiration des animaux y déverse sans cesse.

50. — Si l'air peut renfermer, sans qu'il y ait de danger, un peu de vapeur d'eau, il n'en doit pas contenir au point d'être humide. Aussi on ne devra pas occuper une construction nouvellement bâtie; on devra attendre six mois au moins son entier dessèchement.

Il faudra éviter, pour les habiter, les lieux naturellement humides, surtout pour les organisations faibles, les enfants et les malades.

Résumé.

38. — **L'appareil respiratoire** comprend la *bouche*, le *larynx*, la *trachée artère*, les *bronches* et les *poumons*.

39, 40. — La respiration a pour but de purifier le sang en lui prenant son acide carbonique et en lui cédant de l'oxygène.

41. — La respiration comprend deux mouvements : l'*inspiration* et l'*expiration*. Elle est capable de maintenir notre corps à une température constante de 37 degrés, par la combustion des résidus de l'organisme.

42. — **La voix** est produite par les vibrations des cordes vocales du larynx, mises en mouvement par l'air rapidement chassé au dehors.

43. — La *bonne qualité de l'air* respiré a la plus grande influence sur la conservation de la santé. On évitera de placer le fumier de la ferme près des ouvertures de la maison; on devra aérer le plus possible la salle de classe et la chambre à coucher: on ne brûlera jamais de charbon au milieu d'une pièce ou dans un poêle qui tire mal; on n'emploiera pas les poêles à combustion lente; on évitera d'habiter les lieux humides.

Questionnaire. — 1. De quoi se compose l'appareil respiratoire? — 2. De combien de mouvements la respiration se compose-t-elle? — 3. Que cause l'arrêt de la respiration? — 4. Par quoi est produite la chaleur animale? — 5. Comment est formée la voix? — 6. Quelles sont les prescriptions d'hygiène relatives à la respiration?

CHAPITRE VI

SENSATIONS — INTELLIGENCE

51. — Quand on nous parle, nous entendons et nous comprenons ce qu'on nous dit; quand nous nous piquons avec une aiguille, nous ressentons de la douleur; dans ces différents cas, un organe spécial a été impressionné par le son de la voix ou par la piqûre, cet organe est le *cerveau*.

Le cerveau est le siège de la pensée, de l'intelligence, de la volonté; c'est de là que partent les ordres du mouvement. C'est lui qui transmet à notre âme, dont il est l'organe, les impressions qu'il reçoit.

52. Cerveau. — Le *cerveau* (*fig.* 13) est une masse molle, blanche, en forme d'œuf, à surface plissée, logée dans la partie supérieure et postérieure du crâne; il se trouve prolongé par la **moelle épinière**, espèce de gros cordon blanc qui s'engage à l'intérieur des vertèbres de la colonne vertébrale. Entre chaque vertèbre, s'échappent, de la moelle épinière, des cordons plus petits, les **nerfs** (*fig.* 14), qui se ramifiant de plus en plus, viennent jusqu'à la peau pour la tapisser intérieurement comme l'ont déjà fait les vaisseaux capillaires sanguins.

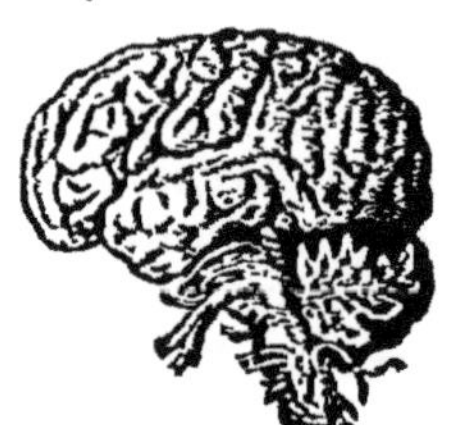

Fig. 13. — Le cerveau.

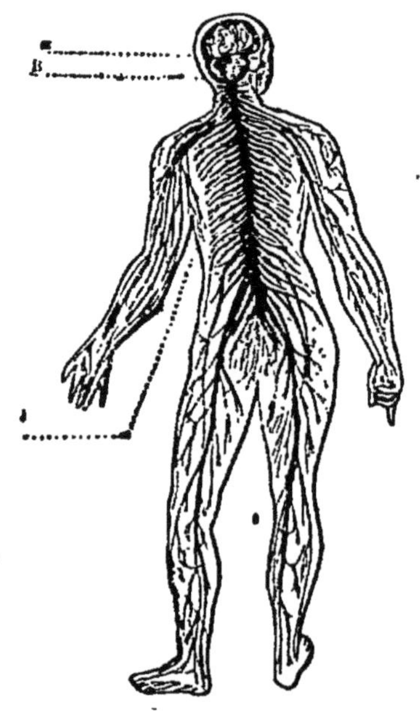

Fig 14. — Système nerveux. A, Cerveau. — B. Cervelet. — J. Nerfs.

53. Nerfs. — Il y a deux espèces de nerfs, les uns, dits *sensibles*, qui sont impressionnés soit par la lumière, soit par les odeurs, soit par le contact d'un corps étranger au nôtre, et qui transportent au cerveau l'impression qu'ils ont reçue; d'autres, appelés *moteurs*, qui portent du cerveau aux muscles les ordres de mouvement.

Ainsi, vous jouez au ballon avec un camarade : l'un

d'eux le lance vers vous : votre œil est aussitôt impressionné par les rayons lumineux partis du ballon; le nerf sensible qui tapisse le fond de l'œil prévient le cerveau qu'un projectile s'avance vers vous; aussitôt prévenu, il pense que votre visage doit être préservé de l'atteinte du ballon et il commande aux muscles des bras, à l'aide des *nerfs moteurs* qui les font agir, d'élever les mains pour recevoir le ballon. Dans cet acte nous avons vu entrer en fonction les deux espèces de nerfs.

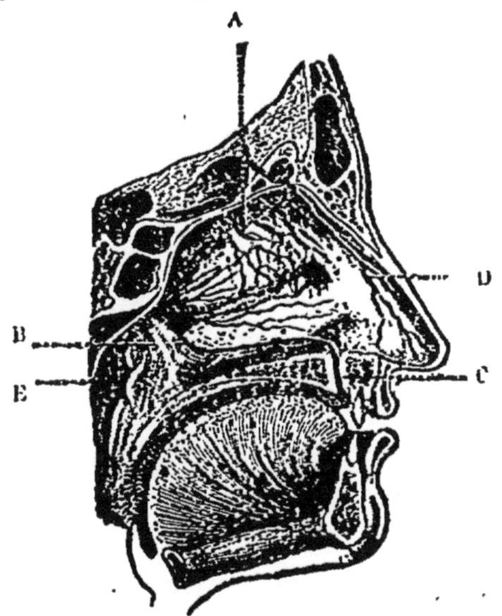

Fig. 15. — Le nez.

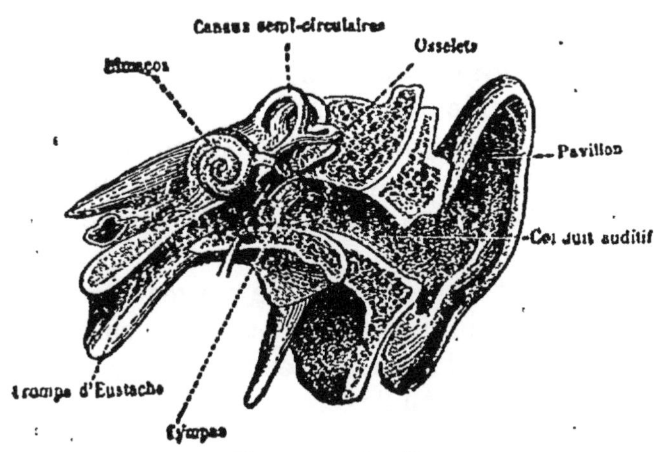

Fig. 16. — L'oreille.

Si donc le cerveau n'est pas prévenu, aucune action de volonté ne se produit ensuite.

54. Sens. — L'homme possède cinq sens : le **toucher**, le **goût**, l'**odorat**, l'**ouïe** et la **vue**, et par conséquent cinq organes dans lesquels se rendent les nerfs spéciaux à chacun de ces sens. Ce sont : la **peau** de tout notre corps qui recueille les sensations du toucher, c'est-à-dire du contact des corps extérieurs, et c'est surtout la main qui nous fournit les meilleurs renseignements résultant du contact; la **langue** qui nous permet de percevoir la saveur des objets mis dans la bouche; les cavités du **nez** (*fig.* 15) qui recueillent les odeurs; l'**oreille** (*fig.* 16) impressionnée par les sons; et **l'œil** (*fig.* 17) qui concentre les impressions de la lumière.

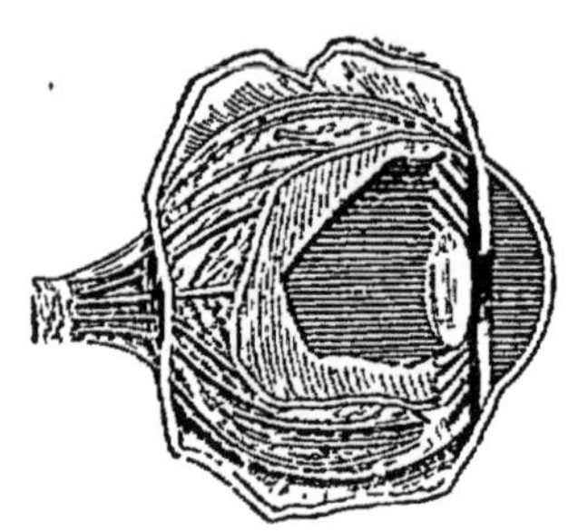

Fig. 17. — Coupe de l'œil.

Hygiène des organes des sens et du cerveau.

55. — Les organes des sens peuvent être développés par un exercice bien réglé. Nul n'ignore qu'on apprend à entendre, à voir, à goûter : le musicien ne juge pas des sons comme le vulgaire; le peintre voit des nuances que nous ne percevons pas; l'aveugle a le toucher plus délicat, etc.

56. — Il en est de même pour le cerveau : comme tous nos autres organes, il est susceptible de se développer par l'exercice. C'est ainsi, par exemple, que la mémoire se développe quand on l'exerce; et qu'à des enfants qui prétextent de l'absence de mémoire, on peut répondre qu'ils n'en ont pas parce qu'ils n'ont pas développé, par un exercice suffisant, cette faculté de l'intelligence.

57. — Cependant une tension d'esprit trop longtemps

prolongée, un travail trop soutenu, peuvent produire des troubles cérébraux.

58. — Mais les causes les plus nombreuses d'affaiblissement du cerveau sont les abus des boissons alcooliques, du tabac, des excitants de toutes sortes, qui provoquent d'abord la perte de la mémoire et l'affaiblissement des autres facultés de l'intelligence, puis la paralysie, la folie et la mort. L'abus des alcools fait 50,000 victimes par an en Angleterre, 45,000 en Allemagne, plus de 100,000 en Russie; en France, la proportion est beaucoup plus faible, sauf cependant dans certaines villes industrielles du Nord et dans le département des Vosges, où la situation est encore très grave.

Résumé.

51. — Le **cerveau** est l'organe qui reçoit les impressions perçues par les organes des sens, c'est le siège de l'intelligence et de la volonté.

52. — Le système nerveux comprend : le *cerveau*, la *moelle épinière* et les *nerfs*.

53. — Il y a deux espèces de nerfs : les *nerfs sensibles* qui transmettent au cerveau les impressions venues du dehors et les *nerfs moteurs* qui portent aux muscles les ordres du mouvement.

54. — L'homme possède **cinq sens** : le *toucher*, le *goût*, l'*odorat*, l'*ouïe*, la *vue*, servis par cinq organes : la *peau*, la *langue*, le *nez*, l'*oreille*, l'*œil*.

55, 56. — On peut développer ses facultés intellectuelles en les faisant travailler.

57, 58. — La principale cause d'affaiblissement du cerveau est l'abus des boissons alcooliques et du *tabac*.

Questionnaire — 1. Quelles sont les fonctions du cerveau? — 2. De quoi se compose le système nerveux? — 3. Quel est l'aspect du cerveau, des nerfs? — 4. Où se trouve logée la moelle épinière? — 5. Combien y a-t-il d'espèces de nerfs? — 6. Quelles sont leurs fonctions? — 7. L'homme possède combien de sens? — 8. Ils sont servis par quels organes? — 9. Peut-on développer sa mémoire? — 10. Que faut-il faire pour cela? — 11. Quelle est la principale cause d'affaiblissement de l'intelligence?

CHAPITRE VII *

PREMIERS SOINS A DONNER EN CAS D'ACCIDENTS

(à consulter en cas de besoin).

Foulure, luxation. — Dans le cas où un exercice violent aurait froissé ou déchiré un ligament, c'est-à-dire occasionné une *foulure*, on devra faire exécuter très modérément quelques mouvements à l'articulation, et la frictionner en appuyant légèrement avec le pouce; puis plonger le membre dans l'eau froide ou lui appliquer des linges mouillés bien frais, et qu'on renouvellera souvent.

S'il y a *luxation*, c'est-à-dire si l'os est déboîté, ayez recours au médecin; et, en attendant son arrivée, faites comme pour l'entorse, recouvrez l'articulation de linges frais.

Fracture. — Le bris d'un os, une *fracture*, est un accident plus grave que les deux que nous venons de nommer. Il vous sera possible de constater la fracture de l'os d'un membre, lorsque ce membre exécutera dans sa longueur des flexions qu'il ne peut jamais exécuter normalement (*fig.* 17 *bis*).

Fig. 17 *bis*. — Pansement d'une fracture de bras.

On commencera par porter le blessé sur son lit, et cela avec les plus grands soins d'immobilité : à cet effet, on le placera étendu sur un volet ou une porte enlevée de ses gonds. Faites immédiatement préparer des bandes de toile en coupant un drap sur une largeur d'un travers de main et en cousant les bandes à la suite l'une de l'autre pour en former 10 mètres environ. Avant l'arrivée du médecin, s'il tarde, vous pouvez très utilement agir. Supposons, pour plus de fa-

* Ce chapitre n'est pas à apprendre.

cilité, que l'humérus, l'os du bras, soit brisé en son milieu : un aide tiendra solidement de ses deux mains l'épaule du blessé; un autre tirera avec plus ou moins de force, mais sans secousse, le fragment d'os au-dessus du coude. Alors, avec vos mains vous pourrez rapprocher, en les sentant à travers la peau et les muscles, les deux extrémités de l'os brisé que vous replacerez ainsi bout à bout; faites quelques tours avec la bande de linge en comprimant légèrement, mouillez le tout et reposez le membre sur un oreiller. Vous pouvez attendre le médecin, le plus gros est fait.

Dans le cas de fracture des côtes, entourez la poitrine d'une serviette pliée en trois, de façon à former une large ceinture que vous fixerez très serrée avec des épingles. Ne craignez rien pour la respiration; elle sera un peu gênée, mais elle s'effectuera malgré votre compression.

Empoisonnements. — Dans le cas où se trouvent mélangées aux aliments des matières toxiques ou poisons, des désordres souvent mortels se produisent dans l'organisme. Ils s'annoncent ordinairement par un malaise subit, de violentes coliques, des nausées et des vomissements. Il est urgent de se renseigner sur la nature des aliments absorbés : champignons, moules, etc., puis sur la substance des ustensiles qui ont cuit les aliments : cuivre, plomb, poterie, etc., enfin sur la quantité, qui peut être trop grande, des médicaments absorbés. Une fois le toxique trouvé, on agit comme il suit :

Dans tous les cas, provoquer des vomissements le plus vite possible en chatouillant le fond de la gorge avec une plume d'oiseau. Faire prendre ensuite un liquide formé de six blancs d'œufs battus et versés dans un litre d'eau (eau albumineuse). A défaut d'œufs, faire boire du lait.

Si le toxique est absorbé depuis trop de temps pour que les vomitifs n'aient plus d'action, il faudra avoir recours aux purgatifs. A défaut de purgatifs habituels, on fera dissoudre deux cuillerées de sel de cuisine par demi-litre d'eau, qu'on fera absorber par la bouche et en lavement.

CONTREPOISONS DES CHAMPIGNONS, BELLADONE, DIGITALE.

1° Émétique, ou ipécacuanha, ou chatouillement de la gorge;
2° Huile de ricin, ou eau salée, ou lait;
3° Café noir. Vin chaud.

LAUDANUM.

1° Émétique, ou ipécacuanha, ou chatouillement de la gorge;
2° Café noir, ou eau vinaigrée (trois cuillerées par litre);
3° Limonade au citron; empêcher le sommeil.

PLOMB, CHLORE, ACIDE SULFURIQUE, SEL D'OSEILLE.

1° Émétique ou ipécacuanha, ou chatouillement de la gorge;
2° Eau albumineuse;
3° Eau de savon (15 grammes pour 2 litres d'eau). Lait;
4° Sel de cuisine en boisson ou en lavement.

AMMONIAQUE, MOULES, COLOQUINTE.

1° Eau tiède en abondance, chatouiller la gorge;
2° Eau vinaigrée;
3° Eau albumineuse, ou lait;
4° Éther sur du sucre, ou vin chaud.

PHOSPHORE.

1° Chatouiller la gorge;
2° Eau albumineuse;
3° Magnésie calcinée.

Congestions cérébrales. — Une congestion cérébrale a pour cause un excès de sang, qui, pour une raison quelconque, ne peut plus circuler dans les vaisseaux sanguins du cerveau. Ceux-ci prennent alors une tension et un gonflement démesurés. La congestion peut être déterminée par une émotion violente, une colère, une tension d'esprit trop prolongée, une digestion laborieuse, etc.

La personne atteinte de congestion chancelle, perd connaissance et tombe; sa face d'abord pâle devient bientôt fortement colorée.

Il importe d'essayer de rétablir rapidement la circulation arrêtée : couchez le malade à l'*air libre*, la tête assez haute et nue, et appliquez sur le front ainsi que sur toute la tête les corps froids que vous avez à portée, de l'eau, par exemple, renouvelée souvent. Débarrassez-le au plus vite des vêtements qui le serrent; surtout que le cou soit bien libre. Frictionnez très énergiquement les jambes du malade avec une étoffe rude, si possible imbibée de vinaigre. Vous donnerez ainsi le temps au médecin d'arriver; il pratiquera une saignée.

Hémorragies. — Une hémorragie est une perte de sang. La plus fréquente est le saignement de nez; elle n'est pas grave si elle ne se prolonge pas.

On emploie avec raison, pour faire cesser cette hémorragie, l'eau fraîche et le refroidissement brusque du cou en plaçant une clé entre les deux épaules; en même temps on maintiendra en l'air le bras correspondant au côté du nez par lequel l'écoulement a lieu.

S'il ne cesse pas, on devra appeler le sang vers les extrémités inférieures en chauffant les jambes et les pieds.

Contusions. — Une contusion est le produit d'un choc violent sur le corps, choc produit soit par un bâton, par un coup de poing, une chute. Sous l'action du choc, les vaisseaux sanguins qui tapissent la peau ont été meurtris, déchirés même; ils ont laissé échapper le sang qu'ils contenaient, celui-ci s'est répandu et laisse voir une plaque bleuâtre désignée vulgairement sous le nom de *bleu*, accompagnée, suivant l'endroit atteint, d'une bosse formée par l'excès de sang non contenu.

Il suffira, le plus souvent, d'employer l'eau fraîche. Sur la bosse, on pressera légèrement avec une pièce de monnaie. Cette légère pression chassera le sang et le forcera a s'étendre sur une plus grande surface, où il pourra plus sûrement être absorbé par les capillaires non blessés.

Si la contusion est compliquée d'une plaie, d'un déchirement de la peau, l'eau fraiche sera encore employée avec succès; mais là nous devons nous efforcer de débarrasser la plaie, avec un linge mouillé, de tous les corps étrangers, terre, sable, débris de vêtements, qui pourraient la souiller

Coupures. — On doit immédiatement chercher à arrêter l'hémorragie. Les corps froids sont les plus efficaces : employez abondamment l'eau froide. Il faut en outre empêcher le sang qui vient du cœur d'arriver jusqu'à la plaie; on devra donc faire une compression autour du membre, soit avec un mouchoir ou une ceinture, en un endroit compris entre la blessure et le cœur. Rapprochez le plus possible les bords de l'entaille.

Blessures par les armes à feu. Plombs. — Dans le cas où le coup a été tiré de très près, il a fait balle, les plombs sont entrés profondément, et s'ils ont atteint quelque organe essentiel, à la tête, la poitrine, l'abdomen, vous n'avez malheureusement guère à intervenir, appelez au plus vite le médecin.

Si, au contraire, le coup vient de loin, les plaies sont plus nombreuses, il est vrai, mais sont moins profondes.

Débarrassez les plaies des débris de vêtements entraînés, enlevez les plombs qui sont à portée de vos doigts, mais n'insistez pas pour les autres, vous ne parviendriez qu'à les enfoncer plus profondément. Lavez à grande eau, et maintenez fraîches les parties atteintes. Le plus souvent ces blessures présenteront peu de gravité : on peut fort bien vivre avec quelques grains de plomb dans les chairs.

Brûlures. — *Si la brûlure n'a pas formé plaie,* plongez la partie brûlée dans l'eau fraîche ou appliquez des compresses froides, de la neige, de la glace.

Si la brûlure a enlevé la peau, appliquez du beurre, du blanc d'œuf, de l'huile, et recouvrez d'ouate que vous comprimerez légèrement avec une bande de linge.

Rage. — Lorsqu'une morsure a été faite par un animal, chien, chat ou autre, soupçonné d'être atteint de la rage :

Faites abondamment saigner la plaie en appliquant une ventouse; puis, entre la blessure et le cœur, faites une forte ligature avec une ceinture ou un mouchoir. Pendant ce temps mettez une tige de fer dans le feu, et dès qu'il sera chauffé au point d'être rouge blanc, cautérisez la plaie avec ce fer. Surtout que la crainte de la douleur ne vous arrête pas; d'abord la sensation de douleur du fer porté à cette haute température est plus supportable qu'une brûlure ordinaire; puis, surtout, c'est le moyen le plus efficace d'être préservé de la terrible maladie de la rage.

Piqûres d'insectes. — Les piqûres d'insectes sont généralement peu graves, sauf dans le cas où l'insecte, avant de vous piquer, s'est repu de sang d'un animal mort du charbon.

Dans le cas d'une piqûre de guêpe, d'abeille, etc., enlevez, s'il est visible, l'aiguillon de l'insecte avec la pointe d'une aiguille; frictionnez la plaie avec un mélange de quelques gouttes d'ammoniaque dans deux cuillerées d'alcool; maintenez frais avec de l'eau ou des compresses.

Si la piqûre est charbonneuse, elle prendra bientôt un aspect assez inquiétant; faire immédiatement appeler un médecin. S'il tarde à venir, faites, sur la pustule qui s'est formée, deux incisions en croix, et avec un fer rougi à blanc, cautérisez ces incisions.

ASPHYXIES.

L'asphyxie est un accident souvent mortel qui se produit lorsque les fonctions respiratoires ne peuvent plus s'effectuer.

Elle peut provenir, soit par suite de la mauvaise qualité de l'air inspiré, soit lorsqu'il y aura eu obstacle à l'entrée de l'air dans les poumons.

I. *Dans le cas où le malade a respiré, avec l'air, des gaz qui provenaient de l'éclairage, des charbons*, etc.

Placez immédiatement le malade au grand air, la tête assez élevée, et débarrassez-le de ses vêtements. Frictionnez vivement avec une brosse ou un linge rude tout le corps, surtout les extrémités; refroidissez la tête à l'aide de quelques potées d'eau froide; efforcez-vous de rétablir la circulation interrompue. Pour cela :

Étendre le patient sur une surface, autant que possible légèrement inclinée et à la hauteur d'une table; faire saillir un peu la poitrine en avant, au moyen d'un coussin ou de vêtements roulés; se placer à la tête du patient, lui saisir les bras à la hauteur des coudes, les tirer vers soi doucement en les écartant l'un de l'autre, les tenir étendus en haut pendant 2 secondes, puis les ramener le long du tronc en comprimant latéralement la poitrine, en même temps qu'une autre personne la pressera d'avant en arrière.

» Par l'élévation des bras, on fait entrer dans la poitrine le plus d'air possible, et on l'en fait sortir par leur abaissement et la pression. Cette double manœuvre a pour but d'imiter les deux mouvements de la respiration.

« On répétera cette manœuvre alternativement quinze fois environ par minute et jusqu'à ce qu'on aperçoive un effort du patient pour respirer. (*Instructions du Conseil de salubrité pour les secours à donner aux noyés et asphyxiés.*)

Provoquez ensuite les vomissements en chatouillant la gorge avec une plume.

Dès que le malade pourra avaler, on lui fera prendre un verre d'eau fraiche additionnée de quelques gouttes de vinaigre. Le malade sera ensuite placé dans un lit bien chaud, au milieu d'une pièce largement aérée. Ne troublez pas le sommeil qui va bientôt s'emparer de lui.

II. *Asphyxie par strangulation, suspension, suffocation.*

1° Il faut tout d'abord détacher ou plutôt, afin d'aller plus vite, couper le lien qui entoure le cou et, s'il y a pendaison, descendre le corps en le soutenant de manière qu'il n'éprouve aucune secousse.

Tout cela doit être fait sans délai et sans attendre l'arrivée de l'autorité de police.

On enlèvera ensuite ou l'on desserrera la cravate, les ceintures et cordons, en un mot toute pièce du vêtement qui pourrait gêner la circulation.

2° On placera le corps, mais sans lui faire éprouver de secousses, selon que les circonstances le permettront, sur un lit, sur un matelas, sur de la paille, etc., de manière cependant qu'il y soit commodément et que la tête ainsi que la poitrine soient plus élevés que le reste du corps.

3° Si le malade est porté dans une chambre, elle ne doit être ni trop chaude ni trop froide, et il faut veiller à ce qu'elle soit convenablement aérée.

4° Il est indispensable d'appeler d'urgence un homme de l'art, parce que la question de savoir s'il y a lieu de pratiquer une saignée, reposant en grande partie sur des connaissances anatomiques et sur l'examen de la corde ou du lien, il n'y a que le médecin qui puisse bien apprécier ces sortes de cas et donner ce qui convient.

5° Lorsque, après l'enlèvement du lien, les veines du cou restent gonflées, la face rouge, tirant sur le violet, et si l'homme de l'art tarde d'arriver, on peut mettre derrière chaque oreille, ainsi qu'à chaque tempe, six à huit sangsues.

6° Si la suspension ou la strangulation a eu lieu depuis peu de minutes, il suffit quelquefois, pour rappeler le malade à la vie, d'appliquer sur le front et sur la tête des linges trempés dans l'eau froide et de faire en même temps des frictions aux extrémités inférieures.

Dans tous les cas, et dès le commencement, il faut exercer sur la poitrine et le bas-ventre des pressions intermittentes, comme pour les noyés, afin de provoquer les mouvements de la respiration.

On ne négligera pas non plus de frictionner l'asphyxié avec des flanelles ou des brosses, surtout à la plante des pieds et dans le creux des mains.

7° Dès qu'il pourra avaler, on lui fera prendre par petites quantités de l'eau tiède additionnée d'un peu d'eau de mélisse, d'eau de Cologne, de vin ou d'eau-de-vie.

8° Si, après avoir été complètement rappelé à la vie, le malade éprouve de la stupeur, des étourdissements, les applications d'eau froide sur la tête deviennent utiles.

9° En général, l'asphyxié par suspension, strangulation ou suffocation doit être traité, après le rétablissement de la vie, avec les mêmes précautions que dans les autres espèces d'asphyxiés. *(Instructions du Conseil de salubrité sur les secours à donner aux noyés et asphyxiés.)*

Noyés. — Étendre le noyé sur le dos, la poitrine un peu bombée, en plaçant sous ses épaules un vêtement roulé. Rétablir la respiration, comme il est indiqué plus haut pour l'asphyxie par les gaz délétères.

Veillez à ce que la bouche et la gorge soient débarrassés des corps étrangers, maintenir la langue hors des lèvres.

Dès que la respiration se rétablit, cesser tous mouvements des bras et réchauffer le noyé par tous les moyens possibles.

Aider alors le malade à vomir; enfin lui faire boire un liquide chaud et tonique, puis le laisser reposer.

Surtout évitez bien de pendre le noyé par les pieds : c'est sa mort certaine.

Ne désespérez pas de vos efforts : on a vu des asphyxiés revenir à la vie seulement après une heure de soins prolongés.

AFFECTIONS DU CERVEAU.

Ici malheureusement notre action sera très bornée, car les affections du cerveau sont si dangereuses et deviennent si rapidement graves, et la médecine elle-même est si souvent impuissante que notre intervention aura rarement d'effet utile. Essayons cependant : des soins éclairés ne peuvent jamais être nuisibles.

Nous avons vu, à propos de la congestion, que les vaisseaux sanguins qui circulent dans le cerveau pouvaient, par suite d'engorgement, prendre un volume anormal et causer des troubles graves.

Mais si la distension des vaisseaux est si considérable que leur enveloppe se déchire, le sang s'épanche dans le cerveau et cause alors l'*apoplexie*.

Le malade frappé d'**apoplexie** chancelle et tombe; puis la paralysie ne tarde pas à se produire, soit partielle, soit totale. La bouche dévie, les membres deviennent inertes.

Rassemblez tout votre sang-froid et agissez vite.

Portez le malade au grand air, refroidissez la tête, et frictionnez énergiquement les membres inférieurs. S'il est possible, appliquez des ventouses aux jambes et au dos. Mette

---

(*) Pour faire une ventouse, on place dans un verre à boire un peu de papier allumé; quand il est presque complètement brûlé, on retourne le verre qu'on applique brusquement sur la peau par ses bords. On voit bientôt la peau rougir, se gonfler et pénétrer dans le verre.

pendant quelques minutes un objet métallique dans de l'eau bouillante, et placez-le ensuite aux jambes ou au dos pour provoquer des brûlures qui appelleront le sang à la peau. Cherchez avec le doigt, en avant du cou, les deux endroits où les artères battent et comprimez-les légèrement afin de ralentir l'arrivée du sang au cerveau. Laissez ensuite le médecin agir, et surtout la nature.

Convulsions. — Une grande frayeur, une vive émotion, une colère pourront déterminer des attaques convulsives. Le malade perd connaissance, tombe et s'agite toujours convulsivement.

On devra le maintenir sans violence, et seulement pour éviter que ses mouvements ne lui causent des blessures. Placez sur la tête et sur le visage des compresses maintenues froides. S'il est possible, faites respirer de l'éther. Bientôt le malade reprendra ses sens, tout est terminé.

Mais si, lorsque le malade a cessé de s'agiter, ses membres se raidissent et se refroidissent, si sa respiration est ralentie, frictionnez rapidement la peau, et provoquez la respiration par tous les moyens indiqués précédemment.

Convulsions des enfants. — C'est habituellement pendant le travail de la dentition que se produit chez les enfants cet accident des convulsions. Les mères connaissent comme d'instinct les symptômes effrayants de cette terrible maladie.

Déshabillez l'enfant, réchauffez-le par tous les moyens à votre portée, en le mettant dans un lit échauffé par des briques, des cruchons, linges échauffés, etc., en maintenant froide à l'aide de compresses sa tête élevée sur un coussin un peu dur. Évitez autour de lui toute conversation ou tout bruit qui pourrait le surexciter.

Pendant ce temps, faites préparer un bain, tiède seulement, dans lequel vous plongerez l'enfant, en ayant toujours soin de maintenir froide sa tête. Aidez les vomissements qui pourront se produire si l'enfant vient de manger.

Si la respiration se ralentit, appliquez sur les côtés de la poitrine une plaque d'un métal quelconque plongée quelques instants dans de l'eau bouillante (s'il y a brûlure, vous la soignerez plus tard), et provoquez la respiration par les moyens prescrits précédemment.

LIVRE II

CHAPITRE I

CLASSIFICATION

1. Embranchements. — Le nombre des animaux est si grand que pour faciliter leur étude, même sommaire, il est indispensable de grouper ensemble ceux qui ont des caractères communs. De sorte que toute indication donnée pour un animal appartenant à un groupe s'appliquera à tous les animaux du même groupe.

Ainsi l'on mettra ensemble, dans un grand groupe, tous les animaux qui ont des os; dans un autre, ceux qui ont le corps mou, etc. Puis on pourra restreindre le nombre des individus de chaque groupe, et mettre à part ceux des animaux qui, ayant des os, ont tous des plumes et des ailes; qui, ayant encore des os, n'ont plus de pattes et ont le corps recouvert d'écailles, etc.

2. — Les êtres du **règne animal** ont été divisés en **quatre embranchements principaux :**

Les **Vertébrés**,
Les **Annelés**,
Les **Mollusques**,
Les **Zoophytes** ou **Rayonnés**.

3. Vertébrés. — Dans l'embranchement des Vertébrés on a placé tous les animaux qui avaient des os. On les a appelés Vertébrés parce que tout squelette osseux contient toujours une colonne vertébrale, c'est-à-dire composée de vertèbres. Tous les Vertébrés ont aussi le sang rouge.

Le *Lion* (*fig.* 18), la *Poule* (*fig.* 19), le *Serpent*

Fig. 18 Lion. — Fig. 19. Poule. — Fig. 20. Serpent. Fig. 21. Grenouille. — Fig. 22. Carpe.

(*fig.* 20), la *Grenouille* (*fig.* 21), la *Carpe* (*fig.* 22) sont des Vertébrés.

4. **Annelés.** — L'embranchement des Annelés comprend les animaux qui, n'ayant plus de squelette ont encore cependant le corps assez résistant; leur peau est souvent très dure. Ils tirent leur nom d'Annelés, de ce que leur corps semble composé d'anneaux qui se suivent.

Ainsi le hanneton a la peau assez dure et, si l'on coupe en deux son corps, on ne trouvera rien de semblable à des os dans son intérieur; on distingue en outre bien facilement sur son ventre les anneaux qui le forment. On voit également bien les anneaux de l'écrevisse, à sa longue queue; sa peau est très dure, même pierreuse; elle n'a pas d'os à l'intérieur du corps.

A cet embranchement appartiennent :

Le *Hanneton*, le *Papillon*, le *Homard*, le *Ver de terre* (*fig.* 23).

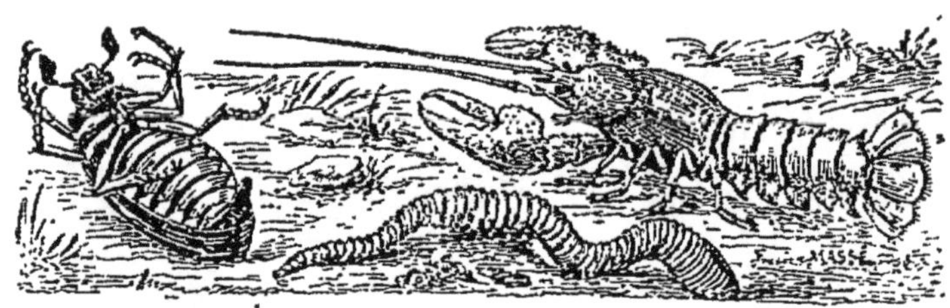

Fig. 23. — Annelés : Hanneton, Homard, Ver.

5. Mollusques. — Dans l'embranchement des

Fig. 24. — Limace.

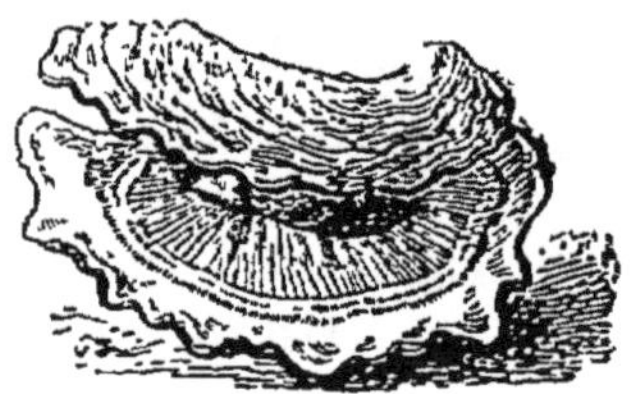

Fig. 25. — Huître.

Mollusques nous placerons les animaux dont la peau est molle, visqueuse, nue, la plupart du temps protégée par une coquille calcaire. Chez eux, plus de trace de squelette, pas d'anneaux, pas de pattes.

Fig. 26. — Pieuvre.

Tels sont :

La *Limace* (*fig.* 24), l'*Escargot*, l'*Huître* (*fig.* 25), la *Pieuvre* (*fig.* 26).

6. Zoophytes. — Enfin parmi les Zoophytes, appelés encore *Rayonnés*, on trouve placés des animaux aux organes très simples qui ressemblent souvent à des plantes, d'où leur nom de Zoophytes signifiant animaux-plantes. Leur nom de Rayonnés vient de ce qu'ils semblent toujours

Fig. 27. — Étoile de mer.

Fig. 28. — Méduse.

formés d'un noyau central d'où s'échappent des rayons plus où moins longs. Ce sont tous des animaux marins. Certains d'entre eux ont une organisation des plus primitives : souvent un simple tube sert à la fois d'appareil digestif, circulatoire, respiratoire. Nous trouvons là :

Fig. 29. — Corail.

Les *Oursins*, les *Étoiles de mer* (*fig.* 27), les *Méduses* (*fig.* 28), les *Polypes du corail* (*fig.* 29).

Résumé.

1. — La classification est indispensable pour faciliter l'étude des êtres.

2. — Les êtres du *règne animal* sont divisés en quatre embranchements principaux : les **Vertébrés**, les **Annelés**, les **Mollusques**, les **Zoophytes**.

3. — Les **Vertébrés** ont une colonne vertébrale; ils ont le sang rouge : l'*Homme*, le *Vautour*, la *Carpe*.

4. — Les **Annelés** ont le corps formé d'anneaux, leur peau est assez résistante : le *Hanneton*, le *Mille-pattes*, la *Sangsue*.

5. — Les **Mollusques** ont le corps mou, souvent protégé par une coquille : l'*Escargot*, la *Moule*, la *Pieuvre*.

6. — Les **Zoophytes** ressemblent à des portions de plantes; ils sont rayonnés, vivent dans la mer : l'*Étoile de mer*, la *Méduse*, l'*Éponge*.

Questionnaire. — 1. Quelle est l'utilité de la classification? — 2. En combien d'embranchements divisons-nous le règne animal? — 3. Caractères généraux des Vertébrés, Annelés, Mollusques, Zoophytes; nommez trois animaux de chaque groupe? — 4. Quelles ressemblances, quelles différences?

CHAPITRE II

MAMMIFÈRES

7. **Classes.** — Nous avons prévu, lors de la classification des animaux en embranchements, qu'il nous serait nécessaire de les subdiviser en groupes plus restreints ou classes.

8. — L'embranchement des Vertébrés est divisé en **cinq classes :**

Les *Mammifères*,
Les *Oiseaux*,
Les *Reptiles*,
Les *Batraciens*,
Et les *Poissons*.

9. **Mammifères.** — Le Chat, le Lapin, le Cheval,

sont des Mammifères; comme caractères communs, ils ont le corps recouvert de poils; ils ont le corps chaud, ce qui prouve que leur sang l'est; ils donnent naissance à des petits vivants; et vous savez bien que la chatte, la lapine, la jument donnent comme première nourriture à leurs petits le lait que produit une grosse glande particulière nommée mamelle (*fig.* 30).

Fig. 30. — Chatte allaitant ses petits.

10. — Tous les Mammifères ont donc des *mamelles*; ils sont *vivipares;* ils respirent à l'aide de *poumons;* ils ont le *sang chaud;* ils ont *quatre membres;* ils ont des *poils* plus ou moins abondants.

Tels sont : l'*Homme*, le *Lion*, le *Chien*, le *Lapin*, le *Bœuf*, la *Baleine*, la *Sarigue*, etc.

11. Ordres. — Mais nous apercevons encore de grosses différences entre certains de ces animaux.

S'il est vrai qu'ils possèdent tous les caractères que nous venons de signaler chez les Mammifères et précédemment chez les Vertébrés, nous pourrons encore les sectionner en des groupes comprenant moins d'individus qui réuniront des animaux se ressemblant plus encore, ayant le même genre de vie et les mêmes goûts. Ces divisions de classes forment des *ordres*.

12. — 1° **L'Homme**. — Tout d'abord l'Homme, que nous avons étudié en détail au commencement de notre livre.

13. — 2° Les **Singes**. — Les Singes sont ceux des animaux dont la conformation se rapproche le plus de celle de l'Homme. Ils ne sont cependant pas destinés à se tenir debout : ce n'est qu'accidentellement et soutenu par un bâton, que l'Orang-outang se tient sur ses membres postérieurs; leurs membres sont longs et grêles; ils se nourrissent généralement de fruits et de racines, quelquefois cependant de chair.

Fig. 31. — Orang-outang.

On les appelle souvent *Quadrumanes*, c'est-à-dire animaux à quatre mains : c'est qu'en effet ils peuvent saisir les plus petits objets aussi bien avec leurs pieds qu'avec leurs mains, grâce à la disposition de leurs pouces qui peuvent, aux quatre membres, s'opposer aux doigts de la même main.

Fig. 32. — Ouistiti.

Ils sont intelligents, surtout imitateurs, et faciles à apprivoiser.

Nous nommerons parmi les Singes le *Gorille* de la Guinée et du Gabon, l'*Orang-outang* (*fig.* 31) de Bornéo, et le *Chimpanzé* d'Afrique, très redoutables à l'homme par leur grande taille et leur force énorme. Puis les plus petits : les *Macaques* à longue queue; les *Magots*, seuls singes d'Europe vivant à Gibraltar; les *Atèles;* les *Sapajous* et des *Ouistitis* (*fig.* 32).

14. — 3° Chauves-souris. — Les Chauves-souris ne

sont pas des Oiseaux, comme on pourrait le croire, elles ont tous les caractères des Mammifères et aucun des Oiseaux, si ce n'est qu'elles volent. Elles ne sont pas chauves : elles ont des poils ; elles ont des dents ;

Fig. 33. — Chauve-souris.

elles allaitent leurs petits. Leurs ailes ne sont autre chose que la peau de leur dos et de leur ventre prolongée et reliant les os des bras et des jambes ainsi que leurs doigts démesurément allongés (*fig.* 33).

Fig. 34. — Vampire.

Ces animaux ne sortent que la nuit pour se livrer à une chasse acharnée aux insectes. Ce sont donc des *animaux utiles qu'on doit s'efforcer de protéger*.

Ils passent l'hiver engourdis dans quelque trou.

Une grosse chauve-souris d'Amérique, le *Vampire* (*fig.* 34), s'attaque au petit bétail et boit le sang qui s'échappe de la blessure qu'il fait avec sa langue armée de pointes aiguës.

15. — 4° Insectivores. — Les Mammifères mangeurs d'insectes sont nécessairement de petite taille : on ne devient pas gros à manger des fourmis. Le plus gros est le *Hérisson* (*fig.* 35) à peau hérissée de piquants qui lui servent d'armes défensives; puis vient la *Taupe* qui se creuse sous terre des galeries afin d'at-

Fig. 35. — Hérisson.

Fig. 36. — Musaraigne.

teindre plus sûrement les vers blancs et les autres insectes. La *Taupe* et le *Hérisson doivent être protégés, ce sont des animaux utiles.*

Puis la *Musaraigne* (*fig.* 36) assez semblable à la souris, mais à museau très pointu.

16. — 5° Carnivores. — Le *Chat* est le type des Carnivores. Comme leur nom l'indique, ils sont mangeurs

Fig. 37. — Lion.

de chair vivante. Mais, pour manger des animaux vivants, il faut pouvoir les prendre, les retenir, les déchirer. Ces animaux ont, en effet, des muscles très solides qui leur donnent une course rapide et une force très grande; ils ont les pattes armées de griffes qui, chez les plus sanguinaires, restent toujours pointues parce que, pouvant rentrer entre les doigts comme dans une gaîne, elles ne s'usent pas mal à propos : on sait bien que le Chat fait patte de velours quand il veut, mais qu'il sait griffer au besoin; ils ont enfin les canines très acérées et les incisives très tranchantes; ils coupent donc et déchirent facilement leurs proies.

Avec les **Chats** nous trouverons, dans le même ordre, le *Tigre*, le plus terrible des animaux, vivant dans les Indes; le *Lion* (*fig.* 37), le roi des animaux, moins agressif que le Tigre; la *Panthère* d'Asie et d'Afrique; le *Léopard*, le *Jaguar* et le *Couguar*.

Fig. 38. — Ours brun.

Puis les différents genres d'**Ours** : l'*Ours blanc* des régions polaires et l'*Ours gris* qui s'attaquent très bien à l'homme; l'*Ours brun* d'Europe (*fig.* 38), beaucoup moins terrible que les précédents et se contentant le plus souvent de miel et de fruits.

Puis les Carnivores ressemblant au **Chien**, bien moins sanguinaires que les précédents, tels que les *Chiens*; les *Loups* qui ne sont dangereux qu'en bandes, en Russie; le *Renard* qui ne s'attaque guère qu'à la basse-cour et au menu gibier; le *Chacal*, avide également de gibier en Afrique; les *Hyènes* (*fig.* 39), peu courageuses et préférant les cadavres aux proies vivantes.

Fig. 39. — Hyène.

Enfin les petits Carnivores causant souvent de gros ravages dans les basses-cours, comme les *Martes* (*fig.* 40), les *Fouines*, les *Belettes*; les *Furets* qui, domestiqués, sont employés à la chasse aux lapins dans leurs terriers; les *Putois* à odeur infecte; les *Hermines*, recherchées pour leur fourrure d'hiver; la *Loutre*, dont les pieds palmés lui donnent une plus grande facilité pour la nage et qui détruit de grandes quantités de poissons.

Fig. 40. — Marte.

Résumé.

7. 8. — L'embranchement des Vertébrés est divisé en cinq classes : les *Mammifères*, les *Oiseaux*, les *Reptiles*, les *Batraciens* et les *Poissons*.

9. 10. 11. 12. — Les **Mammifères** ont des mamelles, ils sont vivipares, ils respirent par des poumons, ils ont le sang chaud, ils ont quatre membres, et le corps recouvert de poils; tels sont : l'*Homme*, les *Singes*, le *Lion*, le *Bœuf*, etc.

13. — Les Singes sont **Quadrumanes**; ils n'ont pas la station droite, leurs membres sont grêles et longs; le plus gros est le *Gorille* (2 mètres); le plus petit est le *Ouistiti*.

14. — Les **Chauves-souris** ont des poils, leurs ailes ne sont que la peau de leur corps réunissant les membres antérieurs aux membres postérieurs et leurs doigts très allongés.

15. — Les **Insectivores** comme le *Hérisson*, la *Taupe*, la *Musaraigne*.

16. — Les **Carnivores** ont le système musculaire très développé, les griffes et les canines très pointues; le genre le plus terrible est le genre *Chat* comprenant les *Tigres* et les *Lions*, puis les *Ours*; puis le genre *Chien* renfermant les *Loups* et le *Chacal*; enfin le genre *Marte* comprenant les petits Carnivores s'attaquant à la basse-cour : *Fouines*, *Belettes*, *Furets*, etc.

Questionnaire. — 1. En combien de classes sont divisés les Vertébrés? — 2. Quelles sont ces classes? — 3. Nommez les caractères généraux des Mammifères. — 4. Citez quelques ordres de la classe des Mammifères. — 5. Que savez-vous des Singes? — 6. Qu'entendez-vous en disant qu'ils sont Quadrumanes? — 7. Pourquoi les Chauves-souris sont-elles des Mammifères? — 8. De quoi sont formées leurs ailes? — 9. Nommez des Mammifères Insectivores. — 10. Caractères généraux des Carnivores. — 11. Montrez qu'ils sont parfaitement organisés pour chasser la chair. — 12. Nommez les principaux genres de Carnivores en prenant le type de chaque genre?

CHAPITRE III

FIN DES MAMMIFÈRES

17. Herbivores. — Les Mammifères dont nous venons de causer mangeaient surtout de la chair; ceux que nous allons voir maintenant se nourrissent presque exclusivement de végétaux, ils sont *Herbivores*. Voyons d'abord les plus gros.

18. Pachydermes. — Les Pachydermes sont ainsi nommés à cause de l'épaisseur et de la dureté de leur peau. Nous trouvons d'abord, dans cet ordre, les *Éléphants* (*fig.* 41) qui peuvent atteindre une hauteur de 5 mètres; ils ont un nez démesurément allongé en trompe, et deux énormes dents en ivoire qui leur servent de défenses. On distingue deux espèces d'Éléphants : l'*Éléphant d'Asie*, très haut de taille, à petites oreilles, très intelligent et facile à domestiquer; les Indiens s'en servent pour porter leurs fardeaux; l'*Éléphant d'Afrique*, plus petit, à

Fig. 41. — Éléphant.

larges oreilles, est moins docile que le précédent.

Puis les *Hippopotames* d'Afrique (*fig.* 42), qui nagent avec une grande facilité malgré leur masse imposante; et les *Rhinocéros*, porteurs d'une corne sur le nez. D'autres espèces voisines sont les *Sangliers*, puis notre *Porc domestique*.

Fig. 42. — Hippopotame.

Dans ce même ordre des Pachydermes nous pouvons placer le *Cheval*, le plus précieux de nos animaux domestiques; l'*Ane*, si résistant au travail et si résigné sous les coups immérités; le *Zèbre*, si élégant, mais difficile à domestiquer; puis l'*Hémione* ou demi-âne, originaire de l'Indoustan. Ces derniers Pachydermes ont les doigts des pieds enfermés dans une masse cornée qui les réunit tous en un seul *sabot* (*fig.* 43).

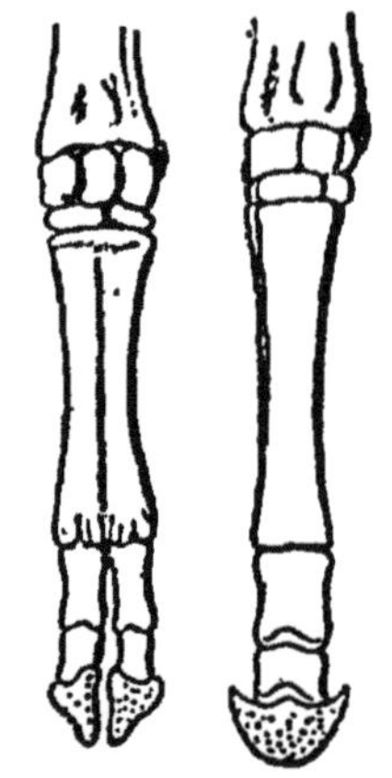

Fig. 43. — A droite, sabot du cheval. — A gauche, pied fendu du bœuf.

19. Ruminants. — Le *Bœuf* est le type des Ruminants; on appelle ainsi des animaux qui remangent une deuxième fois et plus parfaitement ce qu'ils avaient mangé rapidement une première fois : ils ruminent leurs aliments une fois couchés à l'étable ou dans la prairie; alors qu'ils ne saisissent plus aucune nourriture.

Les Ruminants, en effet, mastiquent, alors qu'ils sont

à la prairie, très rapidement les herbes qui leur servent d'aliments; cette masse, encore fibreuse, se rend dans une partie seulement de leur estomac qui comprend quatre poches (*fig.* 44); et c'est seulement lorsqu'ils sont au repos qu'ils achèvent la trituration complète de leurs aliments en les faisant revenir une seconde fois dans la bouche.

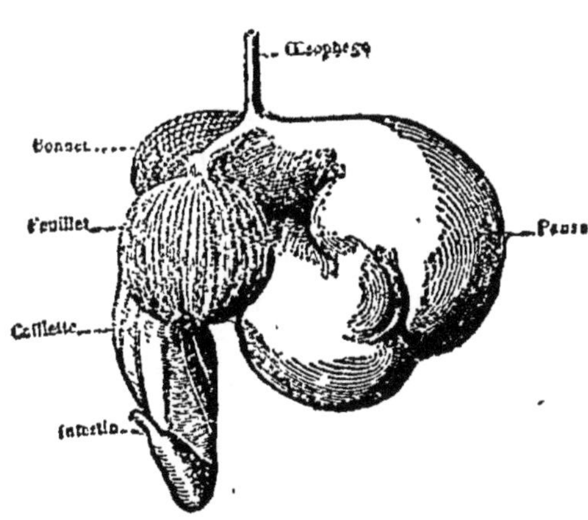

Fig. 44. — Estomac des Ruminants.

Ces animaux sont ceux qui rendent à l'homme les services les plus nombreux et les plus variés; leur chair est comestible, leur lait abondant: de leur peau on fait le cuir; de leur laine, nos vêtements, etc.

Tels sont : le *Bœuf*, les *Moutons* et les *Chèvres* domestiques dans nos pays; le *Chameau* à deux bosses (*fig.* 45), originaire d'Asie, et le *Dromadaire* d'Afrique

Fig. 45. — Chameau.

Fig. 46. — Gazelle.

à une bosse, tous deux précieux à cause de leur sobriété et des services qu'ils rendent en portant les fardeaux à travers les déserts; puis la *Girafe* au long cou; les *Antilopes* et les *Gazelles* (*fig.* 46), gracieux Ruminants des déserts d'Afrique; le *Renne*, si précieux pour les habitants des régions polaires.

Enfin, dans nos forêts, le *Cerf* et le *Chevreuil* à tête ornée de ramures en os.

20. Rongeurs. — Les mâchoires et les dents de ces petits animaux sont bien disposées pour accomplir leur nuisible besogne. Leurs incisives ont la forme du ciseau du menuisier (*fig.* 47), tranchantes en avant, elles se meuvent, grâce aux mouvements de la mâchoire inférieure d'arrière en avant, pour pouvoir mieux frotter et user. Mais comme le frottement userait les dents elles-mêmes, elles repoussent constamment. Tous ces *Rongeurs sont nuisibles à l'agriculture;* heureusement que quelques-uns sont comestibles.

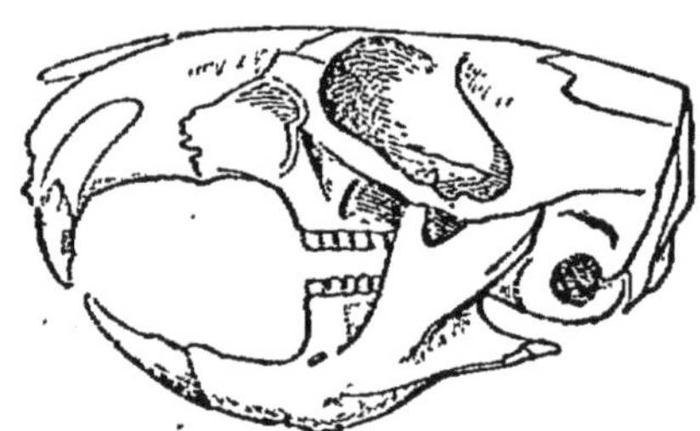

Fig. 47. — Mâchoire de rongeur.

Tels sont, sous nos climats, le gai et agile *Écureuil*; le *Loir*, friand de fruits; les *Rats*, les *Souris*, les *Mulots* et les *Campagnols*, voraces hôtes de nos maisons ou de nos champs; la *Marmotte* des Alpes qui s'endort dans son terrier à l'automne pour ne s'éveiller qu'au printemps ; les *Lièvres* et les *Lapins*, terribles ennemis de nos cultivateurs.

Fig. 48. — Porc-épic.

Puis les *Porcs-épics* d'Afrique (*fig.* 48) à peau hérissée de longs piquants; et les *Castors* (*fig.* 49) de l'Amérique du Nord, à queue aplatie et écailleuse, vivant en colonies nombreuses et se construisant des passerelles, des digues et des cabanes ingénieuses avec les arbres qu'ils coupent.

Fig. 49. — Castor.

21. Marsupiaux. — Ces singuliers animaux ne vivent pas dans nos pays, ils sont originaires de l'Australie. Les femelles ont sous le ventre une poche dans laquelle les petits trouvent un refuge après les premiers temps de leur naissance. Nous citerons les *Kangourous* qui font d'énormes sauts grâce à la grandeur de leurs pattes de derrière et à leur queue très charnue faisant ressort; les *Sarigues* (*fig.* 50), plutôt grimpeurs que marcheurs.

Fig. 50. — Sarigue.

Puis deux Mammifères singuliers, l'*Ornithorynque*, n'ayant pas de dents mais un bec corné comme les Canards, des pieds palmés, pondant des œufs comme les Oiseaux; et l'*Échidné* présentant les mêmes caractères que l'Ornithorynque et rappelant le Hérisson par sa forme.

22. Amphibies. — Ces animaux ne sont pas du tout organisés pour la marche : leurs membres très courts sont disposés en nageoires, aussi ne viennent-ils à terre que pour se reposer et allaiter leurs petits. Tels sont les *Phoques* (*fig.* 51) et les *Morses* (*fig.* 52). On ne trouve plus guère en France de Phoques si ce n'est quelques-uns à l'embouchure de la Somme, mais, dans les régions polaires, ils vivent en troupes nombreuses sur lesquelles on se livre à des mas-

Fig. 51. — Phoque.

Fig. 52. — Morse.

sacres injustifiés; on utilise cependant leur graisse huileuse et leur peau.

Les *Morses* sont généralement plus gros que les Phoques, ils portent deux défenses à la mâchoire supérieure et s'attaquent aux marins qui viennent les chasser.

23. Cétacés.— Les Cétacés rappellent tout à fait les Poissons par leurs formes et par leurs habitudes aquatiques; mais ils ont tous les caractères des Mammifères : respiration pulmonaire, sang chaud, allaitement de leurs petits, vivipares. Leurs membres sont transformés en nageoires, mais leur queue, au lieu d'être aplatie verticalement comme celle des Poissons, est horizontale.

Fig. 53. — Lamantin.

Parmi ceux-ci, il en est qui ne se nourrissent que d'herbes, comme les *Dugongs* et les *Lamantins* (*fig.* 53) des Indes et de l'Amérique; et d'autres qui ne mangent que des Poissons comme les *Marsouins* et les *Dauphins* qui viennent s'ébattre jusque sur nos côtes.

Mais les deux plus gros Cétacés sont la *Baleine* et le *Cachalot*. La *Baleine* (*fig.* 54) peut atteindre jusqu'à 30 mètres de longueur; elle n'a pas de dents, mais sa mâchoire supérieure est munie de longues lames élastiques nommées fanons; son gosier très petit ne lui permet d'engloutir que de très petits poissons, à peine gros comme un hareng.

Fig. 54. — Baleine.

Le *Cachalot*, plus petit que la Baleine, est plus dangereux qu'elle; il a des dents à la mâchoire inférieure.

La Baleine et le Cachalot sont chassés pour l'abondante huile qu'on retire de leur graisse, et pour les fanons de la Baleine.

Résumé.

18. — Les **Pachydermes** ou animaux à peau dure renferment les *Eléphants* d'Asie et d'Afrique; les *Hippopotames* vivant plus communément dans l'eau; les *Rhinocéros;* les *Sangliers* et les *Porcs;* puis le *Cheval*, l'*Ane*, et le *Zèbre* dont les pattes sont terminées par un *sabot*.

19. — Les **Ruminants** mastiquent deux fois leurs aliments, opération rendue possible par la disposition de leur estomac qui comprend quatre poches. Ils sont très utiles à l'homme. Tels sont le *Bœuf*, le *Mouton*, le *Dromadaire* et le *Chameau;* le *Renne;* le *Cerf* et le *Chevreuil*.

20. — Les **Rongeurs** ont des dents taillées en biseau et repoussant à mesure qu'elles s'usent; ce sont des animaux nuisibles : tels sont les *Rats*, les *Lapins*, le *Porc-épic*, le *Castor*.

21. — Les **Marsupiaux**, originaires d'Australie, ont une poche sous le ventre; tels sont les *Kangourous* et les *Sarigues;* l'*Ornithorynque* et l'*Échidné* ayant des organes rappelant ceux des Oiseaux.

22. — Les **Amphibies** vivent plutôt dans l'eau que dans

l'air et parmi ceux-ci on place les *Phoques*, et les *Morses* porteurs de défenses.

23. — Les **Cétacés**, gros Mammifères à forme de poissons, vivent uniquement dans l'eau, mais viennent respirer à l'air : les *Dugongs* et les *Lamantins*, herbivores ; les *Marsouins*, les *Cachalots* et les *Baleines*, mangeurs de poissons.

Questionnaire. — 1. Que signifie ce mot Pachyderme? — 2. Nommez des Pachydermes. — 3. Quels sont ceux qui ont un sabot. — 4. Pourquoi dit-on que le bœuf rumine? — 5. Cette opération est facilitée grâce à la disposition de quel organe? — 6. Les Ruminants sont-ils utiles? — 7. Nommez des Ruminants. — 8. Quelle disposition permet aux Rongeurs de ronger. — 9. Les Rongeurs sont-ils utiles? — 10. Nommez des Rongeurs? — 11. Quelle particularité présentent les Marsupiaux? — 12. Nommez des Marsupiaux. — 13. En quoi l'Echidné et l'Ornithorynque sont-ils plus curieux? — 14. Quelles sont les habitudes des Amphibies? — 15. Ont-ils des pattes? — 16. Les Cétacés, malgré leurs formes, sont-ils des poissons? Pourquoi pas? — 17. Que retire-t-on de la Baleine et du Cachalot?

CHAPITRE IV

LES OISEAUX

24. — Il est facile de trouver les caractères généraux des Oiseaux en comparant un Oiseau, le *Coq* par exemple, à un Mammifère précédemment étudié, le *Chat* (*fig.* 55).

Fig. 55. — Coq et Chat.

Il est bien entendu que Coq et Chat doivent avoir des ressemblances, ils sont tous deux des animaux, puis des Vertébrés ; nous ne rechercherons donc ici que leurs dissemblances.

Le Coq a des *plumes* sur le corps, le Chat a des poils ; le Coq n'est posé que sur deux *pattes*, le Chat sur quatre; mais, si l'on cherche un peu, on peut trouver que les deux pattes antérieures du Chat sont devenues les deux *ailes* du Coq ; le Coq a un *bec* qui doit remplacer autant que possible les dents du Chat ; telles sont les principales différences qui frappent nos yeux. Si l'on ouvrait le corps du Coq et celui du Chat, on trouverait bien encore des dissemblances à signaler. Mais nous voyons sans ouvrir le ventre d'un pigeon, que, quand il vient de manger, la base de son cou est fortement gonflée : c'est que là, en effet, se trouve un renflement de l'œsophage appelé *jabot* (*fig.* 56), dans lequel séjournent les graines picorées avant de passer dans l'estomac. Nous savons bien aussi que l'estomac de ces oiseaux surtout mangeurs de grains est très épais; il s'appelle *gésier*. Ce gésier renferme des petits cailloux durs; c'est qu'en effet la Poule avale des pierres : car n'ayant pas de dents, elle ne broie qu'imparfaitement les graines dures dont elle se nourrit, et pour que la trituration soit plus parfaite, à l'exemple du meunier qui écrase le grain entre des meules de pierre, elle concasse les siens entre des cailloux, dans son estomac qui a la propriété de se contracter et de se dilater vivement.

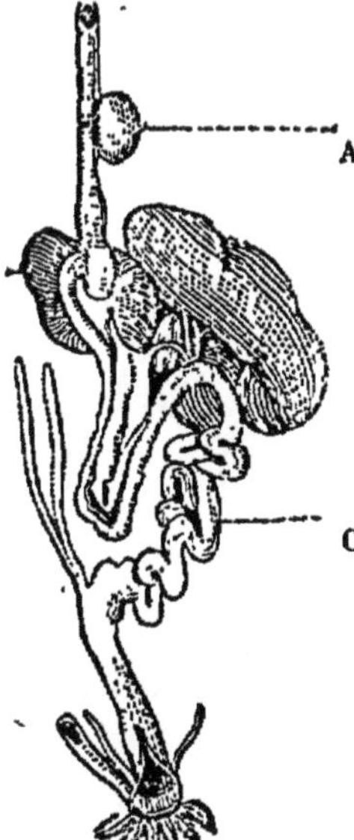

Fig. 56. — Appareil digestif de l'oiseau. A. Jabot. — B. Gésier. — C. Intestins.

En outre la Chatte a des petits, la Poule pond des œufs, elle est *ovipare;* et ce n'est qu'après qu'elle les a réchauffés pendant un certain temps que le petit s'échappe de sa prison de pierre en en démolissant les murs à coups de bec.

25. — Nous pouvons encore, comme pour les Mammifères, grouper dans des mêmes *ordres* les Oiseaux ayant des caractères communs. Nous aurons alors les *Rapaces* ou *Oiseaux de proie*, les *Passereaux*, les *Grimpeurs*, les *Gallinacés*, les *Échassiers* et les *Palmipèdes*.

26. **Rapaces.** — Ces Oiseaux correspondent aux Carnivores des Mammifères; comme eux, ils vivent de chair qu'ils chassent et qu'ils déchirent grâce à leurs ongles crochus et acérés nommés *serres* (*fig.* 57) et à leur bec solide, pointu et recourbé. Il en est qui chassent le jour, ils sont dits *Rapaces diurnes* : tels sont l'*Aigle* (*fig.* 58) qui peut atteindre 1 mètre d'envergure; le *Vautour* qui se repaît surtout de cadavres d'animaux morts; le *Condor* d'Amérique, le plus grand des Oiseaux; puis de plus petites espèces de nos climats, l'*Épervier*, les *Milans* et les *Buses*.

Fig. 57. — Serres d'oiseau de proie.

Fig. 58. — Aigle.

Fig. 59. — Grand-duc.

Les Rapaces *nocturnes* qui chassent la nuit ont les yeux très gros, à pupille très développée; ils vivent d'insectes et de petits mammifères nuisibles, comme les rats et les souris, et ne méritent certainement pas cette exposition d'ignominie qu'on leur inflige en les clouant sur les portes des fermes. Les principales espèces sont : le *Hibou*, le *Grand-duc* (*fig.* 59), la *Chouette*, le *Chat-huant*, l'*Effraie*.

27. Passereaux. — Les Passereaux comprennent généralement des Oiseaux de petite taille se nourrissant d'insectes: ils ont presque tous le bec droit ou légèrement crochu. Sauf

Fig. 60. — Corbeau.

Fig. 61. — Pinson.

le *Corbeau* (*fig.* 60), les *Pies-grièches* et les *Pies*, ils sont plutôt utiles à l'agriculture; les autres Passereaux sont : les *Merles*, les *Grives*, les *Geais*; puis les petites espèces : *Rossignol, Fauvette, Roitelet, Bergeronnette, Hirondelle, Alouette, Moineau, Pinson* (*fig.* 61); enfin dans les pays chauds, les *Oiseaux de paradis*, les *Colibris* ou *Oiseaux-mouches* (*fig.* 62) remarquables par la richesse de leurs couleurs.

Fig. 62. — Oiseau-mouche.

28. Grimpeurs. — Les Grimpeurs, parmi lesquels on compte les *Perroquets*, sont ainsi nommés à cause de la facilité qu'ils ont de grimper et de se tenir aux branches des arbres; cette facilité provient de la disposition de leurs doigts dirigés deux en avant, deux en arrière (*fig.* 62 *bis*); nous trouvons là les *Perroquets* dont l'intelligence remarquable permet de retenir les sons souvent répétés devant eux et dont la langue charnue en permet la reproduction; puis

Fig. 62 *bis*. Doigts de grimpeurs.

le *Toucan* (*fig.* 63) à l'énorme bec très léger; le *Pic-vert* (*fig.* 64) frappant de son bec l'écorce des arbres

Fig. 63. — Toucan.

Fig. 64. — Pic-vert.

pour en faire sortir les insectes qu'il cueille au passage; et les *Coucous* qui ne viennent chez nous qu'au printemps, retour d'Afrique.

29. Gallinacés. — Nous trouvons dans cet ordre les Oiseaux de basse-cour du genre Poule comme les *Poules*

Fig. 65. — Poule et Pigeon.

Fig. 66. — Caille.

(*fig.* 65), les *Dindons*, les *Pintades*, les *Paons*; puis, dans nos champs ou nos bois, les *Perdrix*, les *Cailles* (*fig.* 66), les *Faisans*; enfin, dans une famille voisine, les différentes espèces de *Pigeons* au vol rapide, avec le *Ramier* et la *Tourterelle*.

30. Échassiers. — Comme leur nom l'indique, ces Oiseaux paraissent être montés sur des échasses, tellement se sont développées certaines parties de leurs pattes; et comme leurs pattes sont très longues, leur tête est loin de terre, alors se sont développés et leur cou et leur bec. Ils vivent dans les marécages ou sur le bord des rivières et de la mer où ils se nourrissent de mollusques, de reptiles et de poissons. Tels sont : les *Grues* (*fig.* 67) et les *Cigognes*, le *Flamant*, le *Héron*, l'*Ibis* vénéré des anciens Égyptiens; puis les petits échassiers de nos pays : *Pluvier*, *Vanneau*, *Bécasse* (*fig.* 68), *Poule d'eau*, *Courlis*. Enfin deux gros qui ne vivent que dans les déserts d'Afrique et qui courent plutôt qu'ils ne volent : l'*Autruche* et le *Casoar*.

Fig. 67. — Grue.

Fig. 68. — Bécasse.

31. Palmipèdes. — Ce nom signifie que les Oiseaux de cet ordre ont les pieds *palmés* (*fig.* 69), c'est-à-dire que leurs doigts sont reliés par une membrane, ce qui présente à l'eau une plus grande surface de résistance et, par suite, facilite la nage : ces Oiseaux se plaisent en effet sur l'eau. Certains marchent à terre assez difficilement : vous avez tous vu comme est maladroit un canard que vous obligez de courir. S'ils marchent difficilement, ils ont par contre une puissance de vol considérable. Les principaux Palmipèdes sont : les *Canards* sauvages ou domestiques, le *Cygne*

Fig. 69. — Pied palmé.

blanc ou noir, les *Oies* sauvages ou domestiques; le *Pélican* dont le bec énorme supporte une poche servant de réservoir à poissons.

Enfin les Oiseaux de mer : *Frégates, Albatros,*

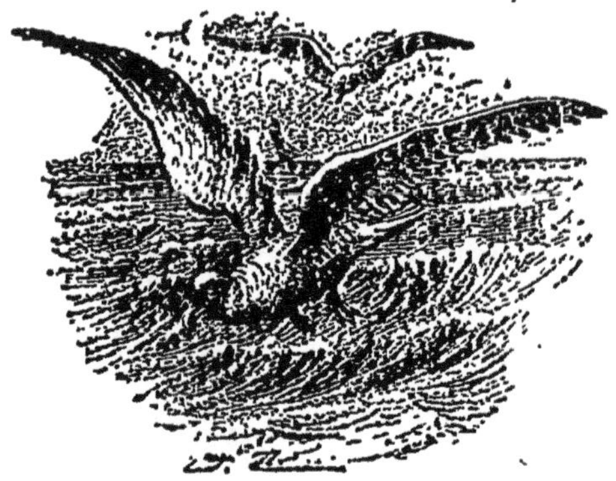

Fig. 70. — Mouette.

Fig. 71. — Manchot.

Mouettes (*fig.* 70), *Goélands*, et les *Manchots* (*fig.* 71) incapables de voler à cause de la petitesse de leurs ailes, mais d'une agilité de poissons, dans l'eau.

Résumé.

24. — Les **Oiseaux** ont le corps couvert de *plumes*; ils ont *deux pattes* et leurs membres antérieurs sont transformés en *ailes*; ils ont un *bec* corné remplaçant les dents; ils ont aussi le sang chaud, leur respiration est aérienne.

Leur appareil digestif comprend la bouche, l'œsophage, le *jabot*, le *gésier* et les intestins. Ils avalent des cailloux pour aider à la trituration des graines dont ils se nourrissent. Ils sont *ovipares*.

25. — Nous les divisons en *six ordres :* les *Rapaces*, les *Passereaux*, les *Grimpeurs*, les *Gallinacés*, les *Echassiers* et les *Palmipèdes*.

26. — Les **Rapaces** ou Oiseaux de proie se nourrissent de chair; ils ont le bec et les serres acérés; ils sont *diurnes* ou *nocturnes:* tels sont l'*Aigle*, le *Vautour*, l'*Épervier*; puis le *Hibou* et la *Chouette*.

27. — Les **Passereaux** sont généralement insectivores à bec pointu; tels le *Corbeau*, la *Grive*, la *Fauvette*, l'*Oiseau-mouche*.

28. — Les **Grimpeurs** ont les doigts disposés pour se tenir

aux branches des arbres; tels sont le *Perroquet* intelligent et parleur; le *Toucan*, le *Pic-vert*.

29. — Les **Gallinacés**, oiseaux de nos basses-cours au vol lourd, sauf les *Pigeons;* tels sont la *Poule*, le *Dindon*, le *Faisan*, le *Ramier*.

30. — Les **Échassiers**, chez lesquels le pied est très allongé ainsi que le cou et le bec; ils vivent de reptiles, de mollusques et de poissons :

Les *Grues*, le *Héron*, le *Pluvier*, la *Bécasse*, puis l'*Autruche*.

31. — Les **Palmipèdes** ont les pieds palmés; ils sont nageurs plutôt que marcheurs; leur vol est souvent puissant. Tels le *Canard*, le *Pélican*, la *Mouette*, le *Manchot*.

Questionnaire. — 1. Quelles différences voyez-vous entre un Coq et un Chat? — 2. Caractères généraux des Oiseaux? — 3. En combien d'ordres divisez-vous la classe des Oiseaux? — 4. Genre de vie des Rapaces? — 5. Combien de genres de Rapaces? en nommer? — 6. Nommez et décrivez des Passereaux? — 7. Pourquoi les Grimpeurs s'appellent-ils ainsi? — 8. Citez des Gallinacés? — 9. Que signifie Échassiers? — 10. Quelles autres parties du corps sont développées? — 11. Nommez des Échassiers? — 12. Pourquoi les Palmipèdes sont-ils ainsi nommés? — 13. Quels avantages cette disposition leur donne-t-elle? — 14. Volent-ils? — 15. Nommez-en?

CHAPITRE V

REPTILES

32. — Chez les Reptiles, parmi lesquels nous rencontrons le Lézard, la Couleuvre, nous ne trouvons pas des formes et des dispositions d'organes communes à tous les Reptiles comme nous en avions trouvé pour les Oiseaux. Cependant aucun d'eux ne pourra être confondu soit avec un Mammifère, soit avec un Oiseau. Ils n'ont le corps ni recouvert de poils ni de plumes. La peau des Reptiles est écailleuse chez les *Tortues*, recouverte de lames cornées chez les *Crocodiles* ou seulement de pustules chez les *Serpents*.

Certains ont un bec corné : les Tortues; d'autres ont des dents : les Lézards et les Serpents. Certains ont quatre membres : les Tortues et les Lézards; mais les Serpents n'en ont pas, ils rampent sur leur corps. Mais même les Reptiles à pattes paraissent encore ramper, tant leurs pattes sont basses. Ils pondent des œufs. Leur respiration est si lente qu'elle ne produit pas une chaleur suffisante à élever leur corps à une température supérieure à celle du milieu dans lequel ils vivent, on dit qu'ils sont à *température variable*; même en été ils nous paraissent froids, à nous dont la température constante est 37 degrés.

33. — Nous distinguerons chez les Reptiles les genres *Tortues*, *Lézards* et *Serpents*.

34. Tortues. — La Tortue (*fig.* 72) se trouve enfermée, sauf la tête, les pattes et la queue qui peuvent sortir, dans une *carapace* osseuse formée par le développement de la colonne vertébrale et des côtes qui se sont soudées; elles ont un bec corné et se nourrissent de mollusques et de végétaux.

Fig. 72. — Différentes espèces de Tortues.

Il y en a de plusieurs espèces : les *Tortues de mer*, qui peuvent atteindre 2 mètres de longueur; les *Tortues terrestres*, qui peuvent avoir jusqu'à 1 mètre de longueur; et les *Tortues d'eau douce*, qui sont les plus petites.

35. Lézards. — Les plus gros Lézards sont les *Crocodiles* (*fig.* 73), dont la peau présente des lames cornées très résistantes; ils vivent dans l'eau, ne laissant passer qu'une partie de la tête. Leurs mâchoires sont d'une force considérable qui les rend redoutables à l'homme.

Les autres Lézards qui vivent dans nos pays sont tout à fait inoffensifs, malgré leurs dents pointues, sauf le gros Lézard vert dont la morsure est très douloureuse.

Fig. 73. — Crocodile.

Tels sont : le *Lézard gris* (*fig.* 74), le *Lézard vert*, le *Caméléon* d'Afrique (*fig.* 75) qui a la singulière propriété de colorer sa peau de diverses couleurs suivant qu'il est calme ou non, au soleil ou à l'ombre.

Fig. 74. — Lézard gris. Fig. 75. — Caméléon.

Enfin l'*Orvet* ou *Serpent de verre*, aussi fragile que le verre, tout à fait inoffensif, dépourvu de pattes, mais en possédant des rudiments sous la peau.

36. Serpents. — Les Serpents sont tout à fait dépourvus de pattes, ils ne se déplacent pas moins très rapidement à la chaleur. Ils ont des dents pointues et recourbées qui permettent, chez les Serpents venimeux, l'inoculation d'un venin mortel pour l'homme (*fig.* 76).

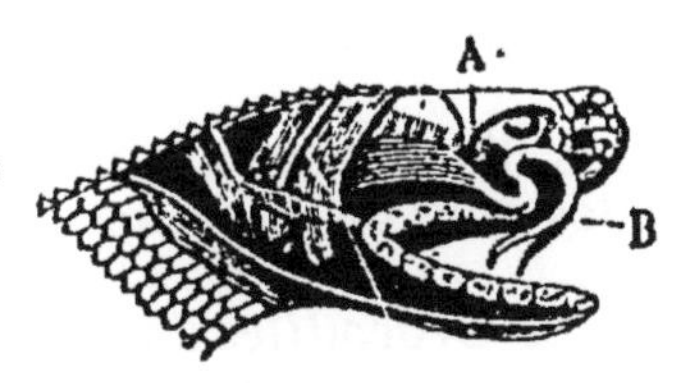

Fig. 76.
A. Glande à venin. B. Crochets venimeux.

Fig. 77. — Boa.

Ils ont une langue très mobile, mais très molle, qui ne sert pas de dard, par conséquent.

Les **Serpents non venimeux** sont : la *Couleuvre* (*fig.* 79) commune dans nos bois et nos prairies où elle se nourrit d'insectes, de limaces et de grenouilles ; le *Boa* (*fig.* 77) qui peut atteindre 15 mètres de long, redoutable par sa force.

Les **Serpents venimeux** sont : la *Vipère* (*fig.* 78) dont la morsure est rarement mortelle, chez nous, pour un homme robuste ; l'*Aspic*, d'Égypte ; le *Trigonocéphale*, des Antilles ; le *Serpent à sonnettes* dont la queue écailleuse produit, quand il se déplace, un bruit de papier froissé ; le *Serpent à lunettes* qui pullule aux Indes où il cause d'innombrables victimes.

Fig. 78. — Vipère.

Fig. 79. — Couleuvre.

Résumé.

32. — Les **Reptiles** ont le corps recouvert de lames cornées ou de pustules. Certains d'entre eux ont des pattes, d'autres n'en ont pas et rampent. Ils ont tous le sang à température variable.

33. — Les Reptiles comprennent trois genres : les *Tortues*, les *Lézards*, les *Serpents*.

34. — Les **Tortues** sont recouvertes d'une carapace écailleuse, leurs lèvres sont cornées ; elles sont ou *marines*, ou *terrestres*, ou *fluviales*.

35. — Les **Lézards** comprennent : les *Crocodiles* à solides mâchoires armées de dents ; le *Caméléon*, le *Lézard gris* ou *vert*, l'*Orvet*.

36. — Les **Serpents** n'ont pas de membres ; ils ont des dents pointues qui inoculent, chez les espèces venimeuses, un poison mortel. Les Serpents non venimeux sont : la *Couleuvre*, le *Boa* ; les espèces venimeuses sont : la *Vipère*, le

Trigonocéphale des Antilles, le *Serpent à sonnettes* et le *Serpent à lunettes*.

Questionnaire. — 1. Peut-on donner des Reptiles des caractères généraux aussi nombreux que nous l'avons fait pour les Oiseaux? — 2. Quels sont cependant leurs caractères généraux? — 3. Qu'entend-on en disant que leur sang est froid? — 4. Comment se déplacent-ils? — 5. Nous les divisons en combien de genres? — 6. Qu'ont de particulier les Tortues? — 7. De quoi est formée leur carapace? — 8. Décrivez les Lézards et nommez-en. — 9. Les Serpents ont-ils des pattes? des dents? — 10. Avec quoi piquent-ils? — 11. Ont-ils un dard? — 12. Nommez des Serpents non venimeux? — 13. Nommez des serpents venimeux?

CHAPITRE VI

BATRACIENS

37. — La *Grenouille* est un Batracien. Comme elle, tous les Batraciens ont la *peau nue*, ils ont *quatre pattes* et ont des habitudes aquatiques. Mais ce qu'il y a de plus curieux chez ces animaux, c'est que, lorsqu'ils sont jeunes, ils n'ont pas du tout la même forme ni les mêmes organes que lorsqu'ils ont atteint leur développement complet : ils sont tout à fait métamorphosés; on dit d'eux qu'ils subissent des métamorphoses.

38. — Dans les mares, à la campagne, on peut voir, retenues aux herbes du fossé, des masses gélatineuses formées de la réunion de petits corps ronds : ce sont des *œufs* de Grenouille. Si nous en prenons quelques-uns et que nous les mettions dans un bocal, nous verrons que de chacun de ces œufs sort, au bout de quelques jours, un petit animal semblable à un poisson, à grosse tête, à longue queue et sans pattes : c'est un *têtard* (*fig.* 80). De chaque côté de la tête il a de petits panaches flottants, ce sont ses organes respiratoires, ses *branchies*.

Bientôt son corps grossit, des yeux apparaissent, ses branchies se flétrissent, des pattes poussent, la queue devient plus petite.

Fig. 80. — Métamorphoses de la Grenouille.

Enfin, au bout de six semaines environ, la peau du têtard s'ouvre sur le dos, et apparaît une Grenouille presque semblable à celle que l'on voit sauter dans la prairie, elle a encore cependant une petite queue qui va disparaître bientôt.

Cette modification est bien curieuse, elle n'est cependant pas la seule qui se soit produite; une autre, plus curieuse peut-être, s'est opérée dans son intérieur: le têtard respirait comme les poissons, à l'aide de branchies extérieures, la Grenouille respire, comme nous, par des poumons; le têtard était organisé pour ne se nourrir que d'herbes, la Grenouille est devenue carnivore; le têtard ne pouvait pas vivre dans l'air, la Grenouille mourrait si on l'obligeait à rester dans l'eau; il faut qu'elle vienne respirer à l'air.

39. — La Grenouille, qui est poisson dans le premier âge et amphibie à l'état de complet développement, a donc deux genres de vie; on la désigne, elle et les autres Batraciens, quelquefois encore sous le nom d'*Amphibiens*, c'est-à-dire animaux à double vie.

40. — Il y a plusieurs espèces de Grenouilles : la *Grenouille* des marécages, et la *Rainette*, petite grenouille verte ou grenouille des haies qui guette les insectes dont elle se nourrit. A cette famille appartient le *Crapaud* (*fig.* 81), plus massif que la Grenouille il a le corps recouvert de pustules desquelles s'écoule un liquide laiteux qui produit une inflammation passagère sur la peau écorchée ou sur la muqueuse des lèvres ou des yeux. Mais le Crapaud est tout à fait inoffensif, il ne lance pas de venin, et s'il est vrai qu'il est bien laid, il est par contre fort utile dans les jardins qu'il débarrasse d'insectes et de limaces.

Fig. 81. — Crapaud.

41. — Dans cette classe des Batraciens nous placerons aussi les *Salamandres* (*fig.* 82) dont les métamorphoses sont moins complètes que

Aquatique.

Terrestre.

Fig. 82. — Salamandres.

celles de la Grenouille et du Crapaud, puisqu'elles conservent leur queue pendant toute leur vie.

Résumé.

37. — Les **Batraciens** ont la peau nue; ils ont *quatre pattes* et passent la majeure partie de leur *vie dans l'eau*.

38. 39. 40. 41. — Ils subissent des métamorphoses : leur première forme est le *têtard* à organisation complètement aquatique; à l'état parfait, leur respiration est aérienne. Tels sont la *Grenouille*, la *Rainette* et le *Crapaud*. Ces derniers sont très utiles et inoffensifs. Les Batraciens qui gardent leur queue à l'état parfait sont les *Salamandres*.

Questionnaire. — 1. Quels sont les caractères généraux des Batraciens? — 2. En quoi consistent leurs métamorphoses? — 3. Pourquoi leur donne-t-on le nom d'Amphibiens? — 4. Nommez des Batraciens à métamorphoses complètes et d'autres à métamorphoses incomplètes? — 5. Le Crapaud est-il venimeux? est-il utile?

CHAPITRE VII

POISSONS

42. — Tous les Poissons sont uniquement *aquatiques*, leur séjour dans l'air amène toujours leur mort plus ou moins rapidement. Ils ont la peau garnie de véritables *écailles* qui se recouvrent comme les tuiles d'un toit. Ils ont des *nageoires* pour remplacer les pattes (*fig.* 83).

Leurs os sont communément appelés *arêtes*, et leur appareil respiratoire est placé sous les joues : c'est

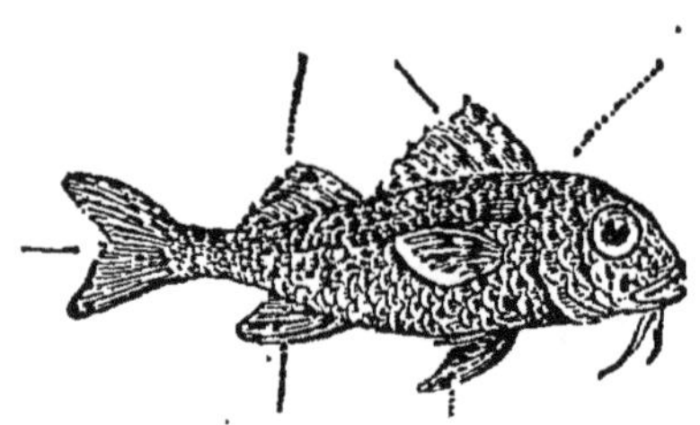

Fig. 83. — Nageoires du poisson.

Fig. 84. — A. Branchies du poisson.

une réunion de franges rouges que les ménagères regardent pour s'assurer de la fraîcheur du poisson qu'elles veulent acheter (*fig.* 84).

Ils ont le sang de température variable comme les reptiles.

Les Poissons ont dans le corps une espèce de ballon plein d'air, qu'on appelle *vessie*, qui leur sert, suivant qu'ils la gonflent ou la dégonflent, à s'élever ou à s'abaisser dans l'eau.

Les Poissons pondent en général un nombre considérable d'œufs : chaque femelle de Hareng en pond au moins 50,000 ; l'Esturgeon en pond 9 à 10 millions.

43. — Les Poissons ayant la forme d'une nacelle sont : les *Brochets*, les *Carpes*, le *Goujon*, la *Tanche*, etc.,

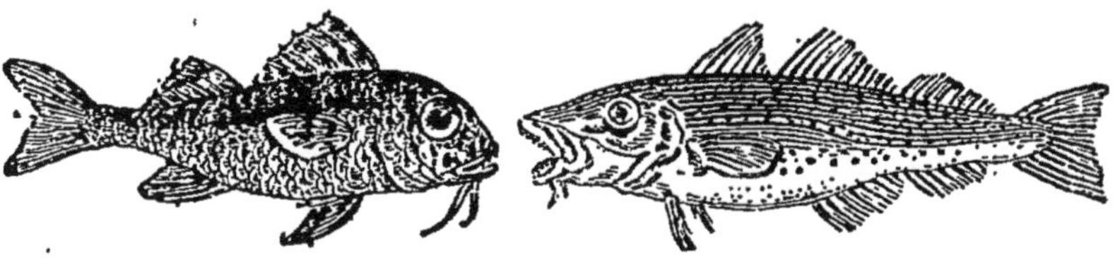

Fig. 85. — Rouget. Fig. 86. — Morue.

puis, dans la mer, le *Rouget* (*fig.* 85), le *Maquereau*, le *Hareng*, la *Morue* (*fig.* 86), les *Sardines*, les *Saumons*, etc.

44. — Ceux qui sont cylindriques sont : les *Anguilles* ;

Fig. 87. — Lamproie.

les *Lamproies* (*fig.* 87), dont la bouche est disposée en suçoir ; les *Congres*, les *Lançons* ou *Équilles*.

45. — Puis les Poissons plats : les *Soles*, les *Limandes*, les *Turbots*, la *Raie* (*fig.* 88). Une espèce voisine de la

Fig. 88. — Raie.

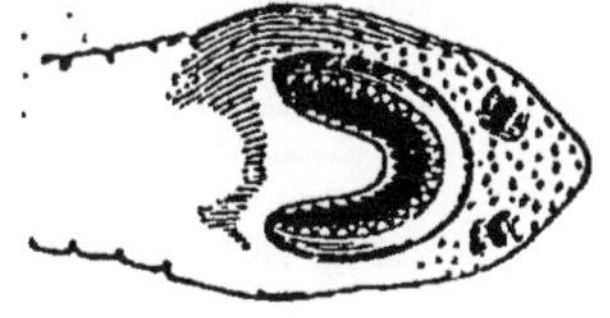

Fig. 89. — Mâchoire de requin.

Raie, le *Requin* (*fig.* 89), possède une force et une férocité telles qu'il est capable, d'un coup de sa puissante mâchoire armée de dents, de couper un homme en deux ; on l'appelle le *Tigre des mers*.

Résumé.

42. — Les **Poissons** ont le corps recouvert de vraies *écailles*, des *nageoires* remplacent les pattes. Ils respirent par des *branchies* l'air qui se trouve dissous dans l'eau. Ils ont à l'intérieur de leur corps une *vessie natatoire*. Tels sont : le *Brochet*, le *Hareng*, l'*Anguille*, le *Congre*, la *Sole*, la *Raie* et le tigre des mers, le *Requin*.

Questionnaire. — 1. Quels sont les caractères généraux des Poissons? — 2. Ont-ils des pattes? — 3. Comment respirent-ils? — 4. A quoi sert leur vessie natatoire? — 5. Quelles formes affectent-ils? — 6. Y a-t-il des Poissons qui ont des dents?

CHAPITRE VIII

EMBRANCHEMENT DES ANNELÉS

46. — Chez les Annelés, Écrevisse, Hanneton, Ver de terre (*fig.* 90), *nous ne rencontrons plus d'os* à l'in-

Fig. 90. — Écrevisse, hanneton, ver de terre.

térieur de l'animal; le corps est formé d'anneaux disposés à la suite les uns des autres; on le voit bien à la queue de l'Écrevisse, sous le ventre des Hannetons, par tout le corps des Vers de terre.

47. — Mais ces trois Annelés que nous venons de

choisir pour types présentent des différences telles que nous devrons les ranger dans des classes distinctes ; nous diviserons en effet les Annelés en quatre classes principales :

Les *Insectes*,
Les *Arachnides*,
Les *Crustacés*
Et les *Vers*.

48. **Insectes.** — Les Insectes comme le *Hanneton* et l'*Abeille* ont le corps divisé en trois parties bien distinctes : la *tête*, le *thorax* et l'*abdomen* (*fig*. 91). La tête porte la *bouche*, armée de solides mandibules chez les Insectes broyeurs, ou formée d'un tube allongé chez les suceurs ; les *yeux* taillés à facettes ; et des espèces de cornes très mobiles qu'on appelle des *antennes*.

Fig. 91. — Tête, thorax, abdomen de l'insecte.

49. — Le *thorax* porte les organes du mouvement : toujours *six pattes ;* certains insectes ont *quatre ailes*, d'autres deux, comme la *Mouche ;* d'autres enfin n'ont pas d'ailes : la *Puce*.

50. — L'*abdomen* renferme les organes de la nutrition.

51. — La plupart des Insectes subissent des métamorphoses avant d'atteindre leur forme définitive. La métamorphose complète comprend quatre phases (*fig*. 92) : l'*œuf*, la *larve*, la *nymphe* et l'*insecte parfait*. Au sortir de l'œuf, l'insecte est une *larve ;* à cet état, elle ressemble à un ver qu'on appelle *chenille* lors-

qu'elle porte des pattes. Sous cette forme, la larve change de peau chaque fois que son corps augmente de volume sous l'action d'une nutrition très active ; on dit qu'elle subit plusieurs mues.

Fig. 92. — Métamorphose complète du papillon.

Après être restée un certain temps, variable suivant les espèces, sous cette forme de larve, elle devient *nymphe* ou *chrysalide*. A cet état, l'insecte cesse de prendre toute nourriture, et paraît plongé en un profond sommeil ; et pour accomplir plus tranquillement la métamorphose qu'elle prépare avant de devenir insecte parfait, la chrysalide s'est enfermée au milieu d'une *coque* ou *cocon* fabriqué avec la soie qu'elle a tirée d'elle-même, ou bien elle s'est dissimulée dans quelque trou, ou bien encore elle a enroulé autour d'elle une feuille d'arbre.

Après un nouveau séjour sous cette forme, l'animal se ranime, perce son cocon et sort *insecte parfait*, qui, sous cet état, ne tardera pas à pondre et à placer ses œufs en lieu sûr avant de mourir.

La métamorphose incomplète ne consiste souvent que dans le développement des ailes ou des pattes, dont la larve est dépourvue au sortir de l'œuf.

52. — Les principaux Insectes sont : le *Hanneton* dont la larve, le *Ver blanc*, est aussi nuisible que l'insecte parfait ; le *Carabe doré*, le *Cerf-volant*, le *Ver* *luisant*, les *Nécrophores*, qui ensevelissent les petits animaux morts; le *Scarabée noir* (*fig.* 93), le petit *Cha-*

Fig. 93. — Scarabée.

Fig. 94. — Charançon et sa larve (très grossis).

rançon (*fig.* 94), qui produit des dégâts considérables dans les greniers à blé.

53. — Puis les *Sauterelles* dont une espèce, le *Criquet* (*fig.* 95), commet, en Afrique surtout, des ravages fréquents; le *Grillon* ou *Cri-cri*, dont le bruit est produit

Fig. 95. — Criquet.

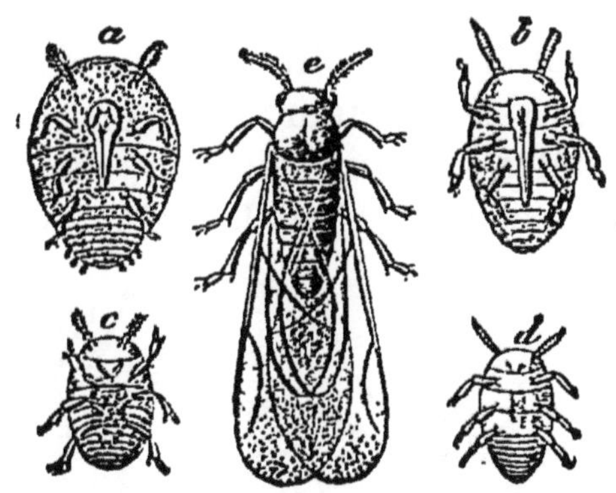

Fig. 96. — Phylloxera sous ses diverses formes : c, mâle ; d, femelle ; e, insecte ailé.

par le frottement des ailes les unes contre les autres; le Forficule ou *Perce-oreilles* absolument incapable de percer la peau.

Puis le terrible *Phylloxera* (*fig.* 96), qui a causé en France la ruine de la vigne.

54. — Puis la *Libellule* ou Demoiselle (*fig.* 97), qui vole sur le bord des rivières ou des étangs.

55. — Puis les *Abeilles* (*fig.* 98), qui vivent en colonies nombreuses et auxquelles nous prenons le miel et la cire qu'elles savent fabriquer. Toutes, dans la ruche, n'ont pas les mêmes fonctions ni les mêmes

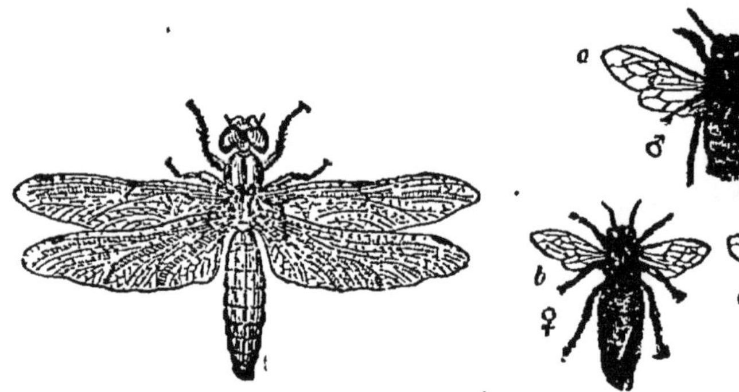

Fig. 97. — Libellule.

Fig. 98. Abeilles.
a. mâle ; *b*, femelle ; c, ouvrière.

formes. Les plus petites sont les *ouvrières*, elles vont chercher le pollen, le suc des fleurs et font les travaux d'intérieur; on voit aussi quelques abeilles mâles ou *faux-bourdons*, mais une seule *abeille-mère* par colonie, c'est la reine; elle seule pond tous les

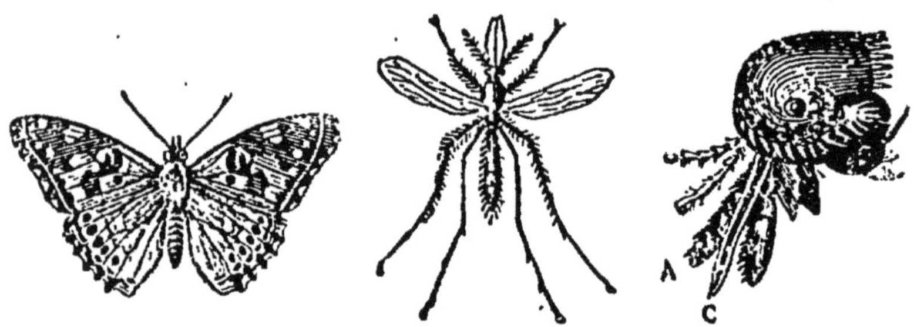

Fig. 99. — Papillon. Fig. 100. — Cousin. Fig. 101. — Tête de la Puce.

œufs d'où doivent sortir les faux-bourdons ou les ouvrières.

Avec les Abeilles, nous trouvons les *Fourmis* qui elles aussi vivent en colonies.

56. — D'autres Insectes intéressants sont les *Papil-*

lons (*fig.* 99), dont quelques espèces diurnes ont des couleurs très brillantes. Une espèce seule est utile : c'est le Ver à soie dont le cocon dévidé nous fournit cette belle étoffe de luxe, la soie.

57. — Puis les incommodes *Mouches*, *Moustiques* et *Cousins* (*fig.* 100). Enfin les *Poux*, parasites des hommes malpropres ; la présence des Poux sur la tête des enfants est encore considérée, dans certaines campagnes, comme un signe de bonne santé : c'est un préjugé aussi absurde que nuisible à la santé ; et les *Puces* (*fig.* 101).

58. Arachnides ou Araignées. — Les Araignées (*fig.* 102) n'ont plus, comme les Insectes, le corps divisé en trois parties distinctes ; elles ont la tête et le corselet réunis ensemble, puis l'abdomen. Elles ont *huit pattes*, pas d'ailes, pas d'antennes, mais des *pinces*, quelquefois venimeuses, à la bouche. Elles possèdent presque toutes, à l'extrémité de l'abdomen, quatre ou six mamelons appelés *filières* d'où s'échappe un liquide gluant qui se solidifie à l'air pour constituer les fils entre lesquels elle prend les mouches. Les « fils de la Vierge » que l'on observe en automne ne sont autres que des filaments tissés par de jeunes Araignées, qui, grâce à eux, sont emportées par le vent dans des endroits abrités où elles passent l'hiver.

Fig. 102. — Araignée.

59. — Parmi les Araignées, nous citerons la *Mygale* d'Amérique, velue, noire, aussi grosse que le pouce, s'attaquant aux petits oiseaux ; les *Araignées domestiques* (*fig.* 102), les *Faucheux* des champs, à grandes pattes ; puis de toutes petites espèces comme le *Lepte automnal* ou bête rouge, qui, à l'automne, s'introduit sous la peau et y produit de vives démangeaisons; et le *Sarcopte de la gale* qui creuse des galeries dans l'épiderme de l'homme et y cause la maladie de la gale, assez rapidement guérie maintenant.

Une autre espèce d'Araignée est le *Scorpion* (*fig.* 103)

Fig. 103. — Scorpion.

Fig. 104. — Mille-pattes.

des pays chauds, dont le corps allongé est terminé par un crochet venimeux.

60. — Dans une famille voisine des Araignées se trouvent les *Mille-pattes* ou *Scolopendres* (*fig.* 104) et les *Iules*. Ces animaux ont un grand nombre de petites pattes, mais jamais mille. Ils recherchent les lieux obscurs.

61. Crustacés. — Les Annelés crustacés, l'Écrevisse par exemple, ont la peau incrustée d'une matière pierreuse grise plus ou

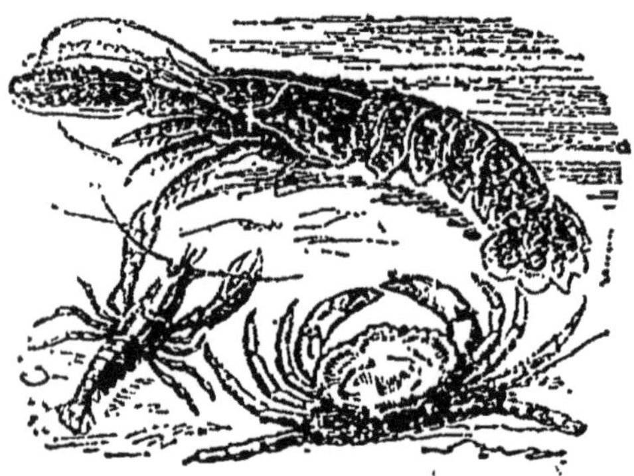

Fig. 105. — Homard, Écrevisse, Crabe.

Fig. 106. — Pagure.

moins foncée qui devient rouge par un séjour dans l'eau bouillante. Ils ont des pattes nombreuses, de cinq à sept paires. Ils vivent dans l'eau et respirent par des branchies comme les Poissons.

Les principaux Crustacés sont : l'*Écrevisse* (*fig.* 105), le *Homard*, la *Langouste*, les *Crevettes*, les *Crabes*, dont l'abdomen est replié sous le thorax ; le *Bernard-l'ermite* ou *Pagure* (*fig.* 106), qui protège son abdomen mou dans la coquille vide d'un petit mollusque.

62. **Vers.** — Les Vers n'ont plus de pattes proprement dites ; ils ont quelquefois des soies raides qui peuvent leur en tenir lieu. La tête n'est plus distincte du reste de leur corps. Tels sont : le *Ver de terre* ou *Lombric*, la *Sangsue*, dont la bouche est armée de trois mâchoires tranchantes (*fig.* 107) qui lui servent à couper la peau des animaux dont elle suce le sang ; les *Tubicoles* et les *Serpules* (*fig.* 108), Vers marins qui se construisent des étuis calcaires pour protéger leur corps.

Fig. 107. — Mâchoires de la sangsue.

Fig. 108. — Tubicoles.

Puis, des Vers qui vivent dans les intestins des hommes et des animaux : l'*Ascaride lombric*, assez semblable au Ver de terre, mais plus blanc, fréquent chez les enfants ; le *Ténia* ou *Ver solitaire*, dont la tête est solidement fixée à la paroi de l'intestin, chez l'homme ; puis un très petit, la *Trichine*, nous venant, comme le Ténia, du porc atteint de cette maladie et mangé imparfaitement cuit ; elle se promène dans toutes les parties de notre corps, nous cause des désordres graves et peut amener la mort.

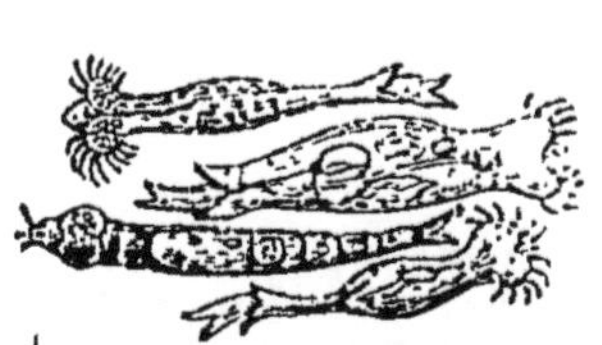

Fig. 109. — Rotateurs vus au microscope.

63. — Enfin, dans les eaux stagnantes, on en ren-

contre de plus petits encore, à peine visibles à l'œil, mais qu'on découvre bien sous le microscope; ce sont des *Rotateurs* (*fig.* 109), dont la bouche est garnie de cils qu'ils font mouvoir avec une grande rapidité. Ils possèdent la singulière propriété de suspendre pour ainsi dire leur vie lorsqu'ils sont desséchés, mais de reprendre toute leur vitalité lorsqu'on vient à les humecter.

Résumé.

46. — Les **Annelés** n'ont plus de squelette intérieur, ils ont le corps formé d'anneaux. Nous les diviserons en *Insectes, Arachnides, Crustacés* et *Vers.*

48. — Les **Insectes** ont le corps divisé en trois parties : la *tête* qui porte la bouche, les yeux et les antennes; le *thorax* ou *corselet* porteur des six pattes et des ailes; et l'*abdomen,* renfermant les organes digestifs.

51. — Ils subissent des métamorphoses : l'*œuf,* la *larve,* la *chrysalide* enfermée dans un cocon, et l'*insecte parfait.*

52 — Tels sont : le *Hanneton,* la *Sauterelle,* le *Phylloxera,* la *Libellule,* les *Abeilles,* les *Papillons,* les *Mouches,* la *Puce.*

58. — Les **Arachnides** ou **Araignées** n'ont plus le corps divisé qu'en deux parties distinctes; leur abdomen porte des filières, ils ont des crochets venimeux. Tels sont : la grosse *Mygale d'Amérique,* les *Araignées domestiques,* le *Sarcopte de la gale,* le *Scorpion.*

61. — Les **Crustacés** ont la peau incrustée d'une matière calcaire; ils ont cinq à sept paires de pattes et vivent dans l'eau; l'*Écrevisse,* la *Langouste,* les *Crevettes.*

62. — Les **Vers** n'ont pas de pattes, la tête n'est plus distincte du reste de leur corps : le *Lombric,* le *Ténia,* les *Rotateurs.*

Questionnaire. — 1. Quels sont les caractères généraux des Annelés? En quoi s'éloignent-ils des Vertébrés? — 2. En combien de classes divisez-vous cet embranchement? — 3. Quel aspect présentent les Insectes? — 4. Que sont les antennes? — 5. Combien les Insectes ont-ils de pattes? d'ailes? — 6. Indiquez leurs métamorphoses complètes? — 7. Nommez des différentes espèces d'Insectes? — 8. De quoi se compose une colonie d'Abeilles? — 9 Que comprend la classe des Arachnides? — 10. Que présentent-ils a l'abdomen? — 11. Quels Annelés trouvez-vous dans une classe voisine? — 12. De quoi sont recouverts les Crustacés? — 13. Où vivent-ils? — 14. Nommez-en? — 15. Caractères généraux des Vers? — 16. Que savez-vous sur les Rotateurs?

CHAPITRE IX

EMBRANCHEMENTS DES MOLLUSQUES ET DES ZOOPHYTES

MOLLUSQUES.

64. — Les *Mollusques,* comme la Limace et l'Huître, ont le corps mou qu'on ne peut cependant pas confondre avec celui des Vers parce qu'il est dépourvu de toute articulation. Leur corps mou est généralement protégé par une ou deux coquilles pierreuses que l'animal se construit lui-même. Ils vivent presque tous dans la mer.

65. — Dans cet embranchement se trouvent des animaux ayant une grosse tête percée de deux yeux énormes; de la tête s'échap-

Fig. 110. — Pieuvre.

Fig. 111. — Argonaute.

pent quatre ou cinq paires de longues lanières garnies de ventouses nommées *tentacules* qui leur servent à se

fixer solidement aux rochers sous-marins : tels sont les *Poulpes* ou *Pieuvres* (*fig.* 110) abondants sur les côtes normandes et qui, dans les mers d'Asie, peuvent atteindre des développements tels qu'ils deviennent redoutables pour l'homme. A l'approche du danger, les Pieuvres laissent échapper une matière colorante brune qui trouble fortement l'eau et protège leur fuite. Voisins des Pieuvres, sont les *Seiches*, le *Calmar* et l'*Argonaute* (*fig.* 111) dont la femelle se loge dans une mince et élégante coquille qu'elle abandonne à son gré.

66. — Dans le même embranchement on place les *Limaces* (*fig.* 112), les *Escargots*, et la presque totalité des coquillages marins que nous recherchons soit pour la singularité des formes, soit pour la variété des couleurs : les *Porcelaines* (*fig.* 113), les *Toupies* (*fig.* 114), les *Murex*, etc. Les Mollusques qui habitent ces coquillages ont encore une tête portant des tentacules, et souvent les yeux se trouvent placés à l'extrémité de ces tentacules.

Fig. 112. — Limace.

Fig. 113. — Porcelaine.

Fig. 114. — Toupie.

67. — Enfin les *Huîtres* (*fig.* 115), les *Moules*, les *Coquilles de Saint-Jacques*, les *Bénitiers*, ont le corps protégé par une coquille double, à *deux valves;* mais il n'y a plus chez eux apparence de tête; certains même,

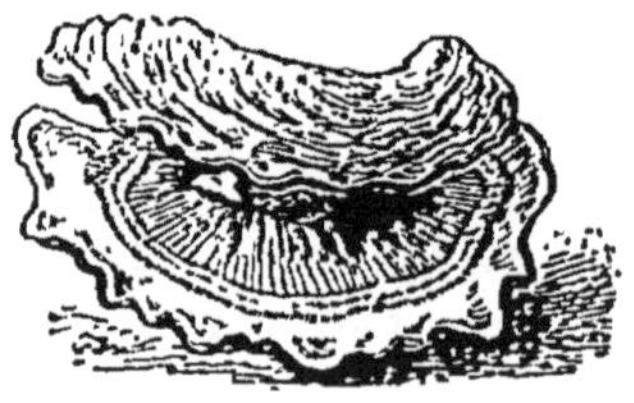
Fig. 115. — Huître.

l'Huître par exemple, ne se déplacent plus dès qu'ils se sont fixés une fois au rocher. La partie intérieure de la coquille d'Huître est très polie et luisante, elle constitue la nacre utilisée dans l'industrie des manches de couteaux, des boutons, etc.; c'est dans une espèce d'Huître qu'on rencontre les perles précieuses si recherchées en bijouterie.

ZOOPHYTES.

68. — Dans ce dernier embranchement du règne animal, nous trouvons placés des animaux de formes très bizarres; ils ressemblent soit à de jolies fleurs brillantes, soit à des champignons, soit à des châtaignes. Pour cette raison on les appelle *Animaux-plantes*. On les désigne encore sous le nom de *Rayonnés*, parce que d'un noyau central s'échappent, dans des directions diverses, des rayons comme ceux d'une roue : l'*Étoile de mer* par exemple. Les Zoophytes sont tous aquatiques, et on ne les connait bien que lorsqu'on est allé à la mer.

Fig. 116. — Étoile de mer.

69. — Nous trouvons dans cet embranchement l'*Étoile de mer* (*fig.* 116) tout à fait semblable à une étoile à cinq branches; l'*Oursin* (*fig.* 117) armé de piquants comme la châtaigne; puis la *Méduse* (*fig.* 118), espèce de champignon gélatineux; les *Anémones de mer* dont les tentacules sont diversement colorés; les *Polypes du corail* (*fig.* 119) qui se réunissent en colo-

nies nombreuses autour d'une espèce d'arbre d'un beau rouge à l'intérieur, et qu'ils sécrètent eux-mêmes. Ces polypes forment une couche gélatineuse

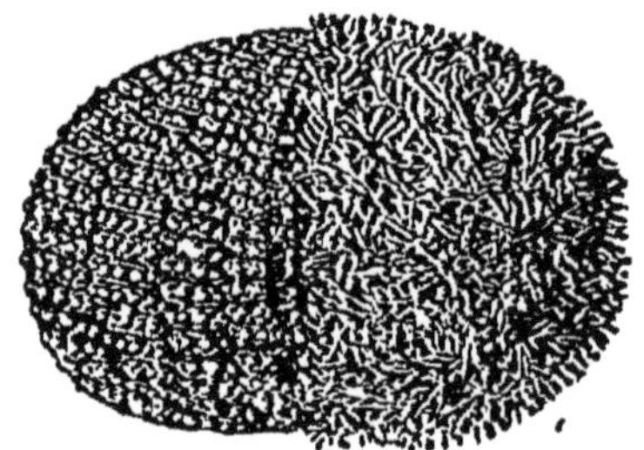

Fig. 117. — Oursin.
La partie gauche est dégarnie de ses piquants.

Fig. 118. — Méduse.

autour de leur support, et de loin en loin s'épanouissent des bras en étoile de diverses couleurs. Puis les *Éponges* (*fig.* 120), formées elles aussi d'une masse gélatineuse mais sans bourgeons, sécrétant

Fig. 119. — Polypes du corail.

Fig. 120. — Éponge.

un support corné que vous connaissez bien : car l'Éponge qui vous sert pour la toilette c'est le support de la colonie animale appelée Éponge.

70. — Enfin, il est de petits animaux si petits que l'œil ne peut en soupçonner la présence, et que seuls les bons microscopes peuvent faire apercevoir, ce sont les *Infusoires*. Ces animalcules se développent

avec une grande rapidité dans les eaux corrompues : il en est de formes très diverses (*fig.* 121). Dans la mer, certains, les *Noctiluques*, nagent en banc d'une étendue considérable, et comme ils sont phosphorescents, ils donnent à l'eau qu'on agite, la nuit, l'apparence d'un vaste incendie à flamme de punch.

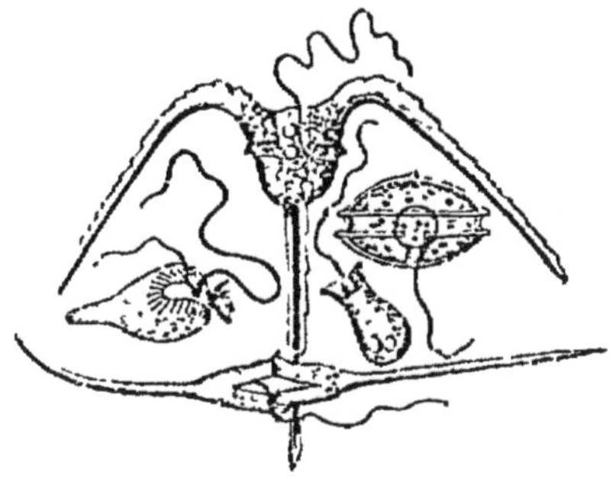

Fig. 121. — Infusoires.

71. — Parmi ces animaux, certains même, les *Foraminifères*, sont enfermés dans une coquille (*fig.* 122); ainsi les grains de craie qui tachent les doigts lorsqu'on écrit au tableau, ne sont autres que des coquilles entières de ces petits animaux qui ont vécu aux époques où se sont déposés les terrains que nous exploitons aujourd'hui.

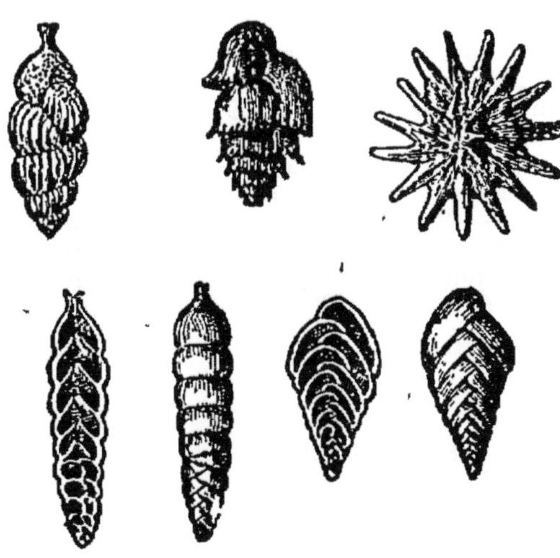

Fig. 122. — Foraminifères de la craie.

Résumé.

64. — Les **Mollusques** ont le corps mou et sans articulations; ils sont généralement enfermés dans une coquille pierreuse à une ou deux *valves;* la plupart sont aquatiques.

65. — Certains ont une tête d'où s'échappent des *tentacules* : la *Pieuvre*, la *Seiche*, l'*Argonaute*.

66. — D'autres se déplacent grâce à un disque charnu qu'ils possèdent sous le ventre : l'*Escargot*, la *Limace* et les coquillages marins.

67. — D'autres enfin n'ont plus de tête distincte : les *Huîtres*, les *Moules*, les *Bénitiers*.

69. **Zoophytes.** — Dans cet embranchement nous rencontrons des animaux semblables à des parties de plantes : on les désigne aussi sous le nom de *Rayonnés*. Nous trouvons l'*Étoile de mer*, l'*Oursin*, la *Méduse;* puis des masses gélatineuses sécrétant un support pierreux ou corné : les *Polypes de corail* et les *Éponges*.

71. — Enfin nous rencontrons des animalcules microscopiques : les *Infusoires* et les *Foraminifères* de la craie.

Questionnaire. — 1. Quels animaux désigne-t-on sous le nom de Mollusques? — 2. Peut-on les confondre avec certains Vers? Pourquoi pas? — 3. Indiquez ceux qui ont un tête armée de tentacules? — 4. Qu'ont-ils de singulier dans leurs formes? — 5. Comment évitent-ils leurs ennemis? — 6. Indiquez des Mollusques ne portant que deux ou quatre tentacules très peu développées et marchant sur le ventre. — 7. Citez les Mollusques sans tête. — 8. Comment appelez-vous la partie intérieure de la coquille d'huitre. — 9. Pourquoi le nom de Zoophytes ou de *Rayonnés* donné aux animaux de cet embranchement? — 10. Nommez-en et décrivez leurs formes. — 11. La branche de corail est-elle l'animal? — 12. Qu'est l'éponge de toilette? — 13. Nommez des animalcules microscropiques. — 14. Que produisent certains d'entre eux qui sont phosphorescents? — 15. En est-il qui sont logés dans une coquille? Que forment-ils?

CHAPITRE X

ANIMAUX NUISIBLES

72. **Animaux directement nuisibles.** — Si tous les êtres de la nature ont leur utilité, il ne s'en suit pas que tous nous soient utiles à nous-mêmes. Certains nous sont directement nuisibles, soit parce qu'ils *nous mangent;* soit parce qu'ils vivent à nos dépens *sur nous* ou dans *nous-mêmes;* soit parce que leurs *piqûres* ou leurs *morsures* nous causent la maladie ou

même la mort. D'autres noms sont *indirectement nuisibles* en attaquant les animaux qui nous rendent des services, ou en détruisant les végétaux qui servent à notre alimentation ou à l'industrie.

73. Animaux qui nous mangent. — Dans nos climats tempérés nous n'avons pas d'aussi terribles ennemis ; mais, dans les Indes, le *Tigre royal* mange son millier d'hommes par an; aussi le tueur de Tigres est-il adoré des Indiens.

Fig. 123. — Lion.

Le *Lion* (*fig.* 123), le *Jaguar*, le *Léopard*, les *Panthères* préfèrent la Gazelle à l'homme et ce n'est guère que traqués ou blessés qu'ils se jettent sur lui.

Mais l'*Ours blanc* des régions polaires et l'*Ours gris* de l'Amérique du Nord, ayant peu de gibier à choisir, s'attaquent fort bien aux marins et aux trappeurs qui s'aventurent dans ces régions désolées.

Les *Loups*, lorsqu'ils sont en bandes, en Russie, attaquent les traîneaux et dévorent bêtes et gens.

Si des Mammifères nous passons aux *Oiseaux*, nous ne trouverons plus ici de mangeurs d'hommes, sauf peut-être l'*Aigle* qu'on accuse d'avoir parfois enlevé des enfants.

Fig. 124. — Boa.

Chez les *Reptiles*, nous trouvons les *Crocodiles* d'Asie et d'Afrique et les *Caimans* d'Amérique qui saisissent dans leurs puissantes mâchoires les imprudents baigneurs.

Les *Boas* (*fig.* 124) de l'Amérique du Sud sont assez forts pour retenir et étouffer un homme dans leurs énormes anneaux.

Enfin une espèce de poisson, le *Requin*, a une machoire assez puissante pour couper un homme en deux. Il prélève un large butin sur les pêcheurs de perles, de corail, et d'éponges qui sont obligés de plonger au fond de l'eau pour en extraire ces richesses.

74. Parasites. — Voyons maintenant les animaux qui vivent à nos dépens, nos *Parasites* qui ne nous mangent que par petites portions à la fois, d'abord le *Pou* qu'on rencontre sur la tête et même sur le corps des hommes malpropres; puis les *Puces*, plus incommodes que dangereuses, qui vivent des sucs de notre peau qu'elles absorbent après piqûre; puis les *Punaises;* puis le *Sarcopte de la gale*, déjà plus redoutable parce qu'il occasionne des maladies de peau devenues cependant assez faciles à guérir.

Dans nous-mêmes, et surtout dans notre estomac, se rencontrent : l'*Ascaride lombric*, semblable au Ver de terre, mais blanc; le *Ténia*, ou *Ver solitaire*, ressemblant à un ruban formé d'anneaux plats et muni d'une tête garnie de crochets et de ventouses; puis, le plus dangereux, la *Trichine*, qui nous vient du Porc atteint de cette maladie et mangé quand il n'est pas suffisamment cuit. Elle provoque des douleurs intolérables qui finissent presque toujours par la mort. On l'a souvent signalée dans les jambons fumés nous arrivant d'Amérique et surtout d'Allemagne.

75. Animaux venimeux. — Tout d'abord, mais tout à fait accidentellement, le Chien et même le Chat atteints de la rage nous inoculent par leur morsure un poison presque toujours mortel.

Puis les *Serpents* dits venimeux présentant en

arrière des yeux deux petites glandes sécrétant un venin qui s'écoule par deux dents en crochet et percées d'un canal. Lorsque le Serpent mord, le poison pénètre dans le sang et le corrompt rapidement en totalité en amenant la mort de l'homme mordu.

Fig. 125. — Vipère.

En France, notre Vipère (*fig.* 125) fait chaque année quelques victimes; mais elle est rarement mortelle pour un homme robuste.

Mais le *Naja* d'Afrique, le *Serpent à sonnettes* d'Amérique, le *Serpent à lunettes* d'Asie, le *Trigonocéphale* des Antilles causent, dans ces pays, de bien nombreuses victimes.

Puisque nous parlons des animaux venimeux, nous devons citer le Batracien *Crapaud*. C'est qu'en effet les pustules de sa peau sécrètent un liquide blanc laiteux qui est un poison, mais qui n'agit comme tel qu'à la condition qu'il soit inoculé dans le sang; or, comme le Crapaud n'a pas de dents ni aucun appareil capable de piquer, son venin se trouve inoffensif. Nous devrions cependant éviter de prendre un Crapaud dans notre main si elle présentait une écorchure, et d'ailleurs il en est de même de la Grenouille et des Salamandres.

Toutes les Araignées sont venimeuses, les unes à cause des crochets qu'elles portent près de la bouche : c'est avec leur venin que les Araignées engourdissent les Mouches qui se sont laissées prendre dans leurs toiles; les autres, les *Scorpions* (*fig.* 126), à cause

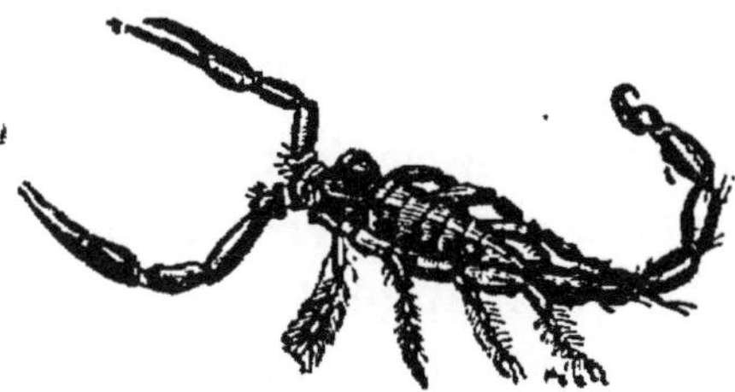
Fig. 126. — Scorpion.

de leur appareil venimeux situé au bout de la queue; dans les pays chauds, leur piqûre peut être mortelle.

Quant aux *Abeilles*, aux *Guêpes*, aux *Frelons*, si leur piqûre est très douloureuse, elles ne peuvent devenir dangereuses que par leur grand nombre.

Le caractère commun de tous ces venins, de la rage à la piqûre d'abeilles, est de n'être des poisons que pour l'appareil circulatoire; ils sont dangereux lorsqu'ils passent dans le sang, mais inoffensifs s'ils sont avalés. Aussi doit-on sans crainte sucer immédiatement une piqûre ou une morsure suspectes, puis serrer fortement avec une ficelle le membre mordu au-dessus de la piqûre, et cautériser la plaie avec une aiguille à tricoter, ou un petit crochet de foyer, s'il s'agit de la morsure d'un chien, tous deux rougis à blanc.

76. Animaux indirectement nuisibles. — D'abord, ceux qui nous mangent mangent aussi nos animaux domestiques; ils nous sont donc deux fois nuisibles. Ainsi un Tigre détruit des troupeaux entiers; les Lions et les autres grands Chats s'attaquent aux Bœufs et aux Moutons.

Fig. 127. — Aigle.

Et dans nos pays il nous faut signaler les petits Carnivores qui causent de grands ravages dans nos basses-cours, tels le *Renard*, puis la *Belette*, le *Putois*, la *Fouine*; puis des Oiseaux de proie : l'*Aigle* (*fig.* 127), les *Faucons*, les *Milans*, les *Éperviers*, qui mangent Canards, Poulets et Pigeons, puis Lièvres, Perdrix et Cailles. Les *Loirs* (*fig.* 128) qui mangent nos fruits.

Puis vient toute l'armée des petits animaux, d'autant plus redoutables qu'ils sont plus petits et s'attaquent soit à nos animaux domestiques, soit à nos végétaux. Ce sont surtout les Insectes les auteurs de ces méfaits. D'abord le plus redoutable de tous, le *Phylloxera* qui vint d'Amérique il y a environ vingt-cinq ans, qui a détruit en France des milliers d'hectares de vigne et causé des ruines incalculables. Puis le *Hanneton*, non moins dangereux que sa larve le *Ver blanc*; puis la *Courtilière* de nos jardins, le Puceron *lanigère* du pommier; et le parasite spécial à chaque espèce d'arbre ou de légume; puis les *Sauterelles* d'Afrique ou *Criquets*, la plaie de nos possessions algériennes, qui voyagent en bandes assez compactes pour obscurcir les rayons du soleil et qui laissent la terre nue quand ils se sont abattus sur une région fertile.

Fig. 128. — Loir.

D'autres genres d'ennemis s'attaquent à nos édifices mêmes : les *Termites* ou *Fourmis blanches* vivant en colonies très nombreuses, se creusent des habitations dans le bois même de nos constructions et peuvent en compromettre la solidité; à Rochefort, ils ont détruit des maisons.

Enfin le *Taret*, petit mollusque marin, porte à l'extrémité de son corps en forme de ver une petite coquille avec laquelle il creuse des galeries dans les bois des digues et même dans les constructions marines en pierre, au point de les endommager sérieusement.

Résumé.

73. — *Animaux qui nous mangent* : le Tigre, le Lion, le Jaguar, la Panthère, l'Ours blanc, l'Ours gris, les Loups lorsqu'ils sont en bandes, les Crocodiles et les Caïmans, les Boas et les *Requins*.

74. — *Animaux parasites :* le Pou, la Puce, la Punaise, le Sarcopte de la gale, l'Ascaride lombric, le Ver solitaire, la Trichine.

75. — *Animaux venimeux :* la Vipère, le Naja, le Serpent à sonnettes, le Serpent à lunettes, le Trigonocéphale, les Araignées, le Scorpion.

Tous ces venins peuvent être sucés impunément; une de ces morsures doit être cautérisée au fer rougi à blanc.

76. — *Animaux indirectement nuisibles :* le Renard, la Belette, la Fouine, l'Aigle, les Éperviers, le Phylloxéra, les Hannetons, le Puceron lanigère, les Criquets, les Termites.

Questionnaire. — 1. De quelles façons les animaux peuvent-ils nous être nuisibles? — 2. Indiquez des animaux qui nous mangent? — 3 Nommez des Parasites. — 4. En quoi les Serpents sont-ils venimeux? — 5. Peut-on avaler du venin? Que doit-on faire en cas de morsure d'un animal venimeux? — 6. Pourquoi la Belette est-elle nuisible? — 7. En général, les Insectes ne sont-ils pas nuisibles? Nommez-en qui sont dans ce cas? — 8. Comment est nuisible le Taret?

CHAPITRE XI

ANIMAUX UTILES

77. — Les animaux nous sont utiles soit parce qu'ils servent à notre alimentation, soit parce qu'ils nous aident dans nos travaux, soit parce qu'ils nous fournissent la matière première de nos vêtements, soit parce que nous en tirons des produits précieux, soit parce qu'ils détruisent des animaux qui nous nuisent, etc.

78. — Tout d'abord ce sont les animaux que nous avons domestiqués : le *Bœuf* et le *Mouton*, qui forment le fond de notre alimentation. Mais l'on peut dire que, d'une façon générale, l'homme se nourrit de la chair de tous les animaux. Parmi les autres Mammifères qui s'ajoutent à son alimentation habituelle, sont le *Lapin sauvage* où *domestique*, le *Lièvre*, le *Cerf*, le *Chevreuil*; en Australie, le *Kangourou*.

Les Oiseaux lui paient un large tribut : les *Pigeons*, les *Poules* et les autres *Gallinacés*; quelques *Échassiers*; les Canards et les Oies.

Des Reptiles, il n'y a guère que la *Tortue de mer* qui soit un peu recherchée; mais ses œufs sont en grande faveur.

Un Batracien, la *Grenouille*, est un aliment délicat.

Quant aux Poissons, on peut dire que toutes les espèces sont comestibles, et leur pêche est une source de gros profits pour les habitants du littoral français. Dans les eaux douces nous trouvons les petits Poissons blancs, puis le *Brochet*, la *Perche*, la *Carpe*, la *Truite*, etc. Puis les *Anguilles* qui vont pondre à la mer, et dont les petits remontent ensuite jusque dans les ruisseaux, le *Saumon* qui, poisson de mer, va au contraire pondre dans les petits ruisseaux d'eau douce et dont les petits descendent à la mer.

Dans la mer on pêche la *Sardine*, qui voyage en bancs d'une étendue souvent considérable et qu'on prend sur nos côtes de l'Océan et de la Méditerranée; le *Hareng* forme des bancs ayant plusieurs kilomètres de longueur et des centaines de mètres de profondeur, on les pêche à l'époque de la ponte, lorsqu'ils s'approchent des côtes en Écosse et en Angleterre; la *Morue* est pêchée en Islande et sur le banc de Terre-Neuve, c'est pour elle qu'on arme chaque année des milliers de bateaux anglais, français, américains, danois, hollandais.

Puis, sur les côtes, on se livre à la pêche des *Homards*, des *Langoustes*, des *Crevettes*, des *Mollusques marins*, des *Huîtres*, des *Moules*, etc.

79. — Pour nous vêtir, nous utilisons la laine du *Mouton* et le poil des *Chèvres*; pour nous chausser, la peau du *Bœuf*; pour porter nos fardeaux, le *Cheval*, l'*Ane*, l'*Eléphant*, le *Chameau*; pour nous tenir chaud l'hiver, la fourrure du *Castor* (*fig.* 129), de la *Marte*, de l'*Hermine*, du *Phoque*, de la *Loutre*, le duvet de l'*Eider* dont on fait les édredons; pour nous *parer*, les plumes de l'*Autruche*, celles des *Oiseaux de paradis*, celles même des *Hirondelles* et autres Passereaux, la *perle* des Huîtres, la branche du *corail*; pour nous *parfumer*, le *Castor* qui donne le *castoreum*, le *Chevrotain porte-musc* qui porte une petite poche remplie d'une matière grasse à odeur de musc, la *Civette* qui fournit une odeur semblable; **pour nous soigner**, la *Cantharide* qui, réduite en poudre et appliquée sur la peau, y forme vésicatoire; la *Sangsue* qui pratique des saignées.

Fig. 129. — Castor.

80. — Nous retirons des produits précieux à des titres divers de l'*Éléphant* (*fig.* 130), qui nous fournit son *ivoire*; de la *Tortue marine* appelée *Caret*, dont nous tirons l'*écaille*; des Mollusques bivalves qui nous donnent la *nacre*; d'un autre coquillage des côtes de Syrie, la *pourpre*, belle teinture rouge; de la *Seiche*, la couleur *sépia*; de la *Cochenille*, insecte vivant sur le cactus du Mexique, une autre belle *couleur rouge*.

Fig. 130. — Éléphant.

De la *Baleine* nous retirons la graisse huileuse et

les fanons qui garnissent sa mâchoire supérieure; du *Cachalot*, le *blanc de baleine*, matière grasse qui remplit une énorme cavité de sa tête et qui sert notamment pour la fabrication des bougies fines.

81. — Enfin, des animaux font la chasse à d'autres qui nous sont nuisibles : le *Chat*, les *Hiboux* et les *Chouettes* qui nous aident à détruire les Souris, les Rats et les Mulots; les *Oiseaux*, surtout les *Passereaux*, qui détruisent des quantités innombrables d'Insectes et de larves; les Mammifères insectivores : le *Hérisson*, la *Taupe*, la *Chauve-souris*; les *Couleuvres* et les *Crapauds* (*fig.* 131), mangeurs de Limaces.

Fig. 131. — Crapaud.

Tous ceux-ci ont droit à notre protection, tel est notre intérêt à défaut d'autres raisons.

Résumé.

77. — Les animaux utiles sont : les **Animaux domestiques** d'abord, **Bœufs, Moutons**; puis **Lapins, Pigeons, Poules, Canards**, tous les **Poissons**, *pour l'alimentation; pour nous vêtir*, le **Mouton**, la **Chèvre**, les **Martes, Loutres**; *pour porter nos fardeaux*, le **Cheval, l'Ane**, le **Chameau**; *à des titres divers*, **l'Éléphant**, le **Chevrotain porte-musc**, la **Tortue marine, la Cochenille**, la **Baleine**, le **Cachalot**; **le Chat**, les **Hiboux**, les **Passereaux**, la **Taupe**, le **Crapaud**.

Questionnaire. — 1. Quels sont surtout les animaux que nous utilisons pour l'alimentation? — 2. D'où tirons-nous la laine, le cuir, nos fourrures, les perles, la nacre, le musc, l'ivoire, l'écaille, la pourpre, la sépia? — 3. Des animaux servent-ils en médecine? — 4. Quels produits tire-t-on de la Baleine, du Cachalot? — 5. En quoi le Hibou, la Taupe, le Crapaud nous sont-ils utiles?

FIN DE LA ZOOLOGIE.

LIVRE III

BOTANIQUE

CHAPITRE I

GRAINE — RACINE — TIGE — FEUILLES

1. Graines. — Si nous mettons dans du coton humide contenu dans un verre quelques haricots et quelques grains de blé, **graines** les uns des haricots, les autres du blé, nous verrons au bout de quelque temps les enveloppes des graines se fendre et des filaments se diriger les uns vers le haut du verre, les autres vers le fond. Si alors nous enlevons l'enveloppe d'un haricot, nous verrons la graine fendue en deux

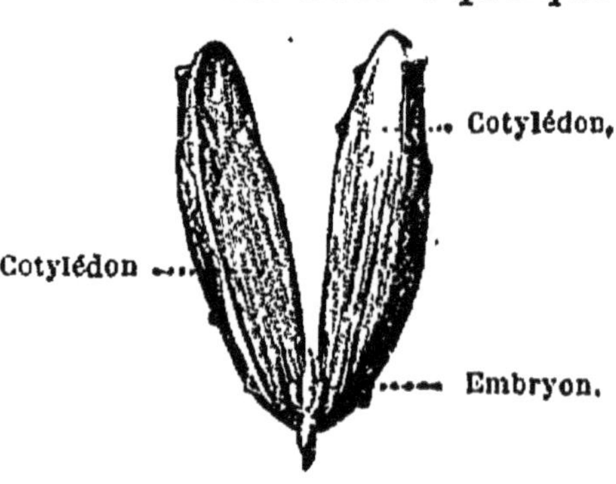

Fig. 132. — Graine à deux cotylédons.

grosses masses blanches : ce sont deux *cotylédons* (*fig.* 132). Si maintenant nous écartons les cotylédons avec précaution, nous reconnaîtrons entre eux tous les éléments d'une plante en miniature : une petite tige qu'on nomme alors *tigelle*, prolongée par une petite racine : la *radicule*, et à l'autre bout un petit corps en forme de bourgeon dans lequel on distingue déjà des feuilles, la *gemmule*.

2. — Quant au grain de blé, il ne se sépare pas, il reste à l'état de masse unique, il n'a qu'un cotylédon (*fig.* 133).

3. — Cette particularité que présente la graine d'avoir deux cotylédons, de n'en avoir qu'un seul ou même de n'en pas avoir du tout, a permis de classer les végétaux en *trois grands embranchements*.

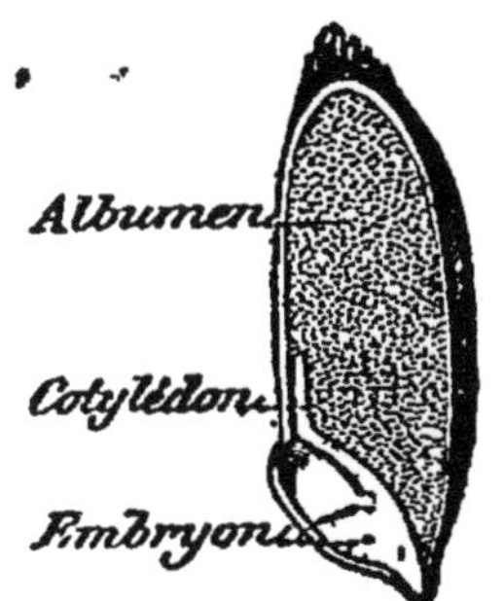

Fig. 133. — Graine à un seul cotylédon.

4. **Dicotylédones.** — Les plantes *dicotylédones*, dont la graine a deux cotylédons, forment le premier embranchement : le *Haricot*, le *Pommier*, le *Melon*, le *Chêne*.

5. **Monocotylédones.** — Les plantes *monocotylédones*, dont la graine n'a qu'un cotylédon, forment le deuxième embranchement : le *Blé*, le *Lis*, le *Palmier*.

6. **Acotylédones.** — Enfin les plantes *acotylédones*, qui, n'ayant pas de fleurs, n'ont pas de graines proprement dites, forment le troisième embranchement : les *Fougères*, les *Lichens*, les *Champignons*, les *Algues*.

7. — Si nous continuons à examiner les graines contenues dans le coton humide, nous en voyons les cotylédons diminuer d'épaisseur à mesure que la plante s'allonge ; et comme le coton ne peut fournir aucun aliment, nous en sommes amenés à penser que ce sont seuls les cotylédons qui fournissent leur réserve de nourriture au jeune végétal ; et c'est bien ce qui se passe en réalité : les cotylédons sont la nourrice de la jeune plante ; ce n'est que lorsqu'elle est assez grande qu'elle cherche elle-même sa nourriture.

8. **Parti qu'on tire des graines.** — Certaines graines,

fraîches ou sèches, sont directement utilisées, après cuisson, pour notre *alimentation* : les Pois, Haricots, Lentilles, Riz, etc. ; d'autres fournissent, après mouture, des *farines alimentaires*: le Blé, le Seigle, etc.; la compression de certaines autres produit des *huiles*: l'Œillette, le Colza, la Navette et même le Ricin ; la graine du Cacaoyer est employée à la fabrication du *chocolat*; celle du Caféier, grillée, nous fournit, par infusion, la boisson tonique le *café*, etc.

9. **Racines.** — La radicule que nous avons remarquée tout à l'heure, en s'allongeant deviendra la racine.

Celle-ci (*fig.* 134) se ramifie de plus en plus pour se terminer par des fils très fins nommés *chevelu*. Outre que la racine sert à fixer la plante dans la terre et à la soutenir, elle sert aussi et surtout à puiser dans le sol l'eau chargée de sels qu'elle a dissous et dont la plante fait sa nourriture. C'est même le chevelu la partie la plus active de l'absorption, aussi faut-il avoir bien soin, lorsqu'on déplante un arbre pour le planter ailleurs, de conserver le plus de chevelu possible.

Fig. 134. — Différentes formes de racines.

Puisque la plante trouve dans le sol ses aliments, on devra remplacer ceux-ci à mesure qu'ils s'épuiseront : de là l'utilité d'engraisser la terre, de lui donner des engrais. Comme, en outre, la plante ne mange pas, mais boit seulement, la terre aura besoin d'être arrosée afin que l'eau traversant le sol y dissolve les sucs nécessaires à la nutrition du végétal.

10. — Il arrive parfois que des racines poussent sur la tige même du végétal ou sur une portion de tige, replantée en terre. Quand elles poussent sur la tige, elles servent de support supplémentaire, le *Lierre*, par exemple (*fig.* 135). Mais, dans les autres cas, le jardinier utilise cette particularité pour faire des *boutures* : il lui suffit alors de couper plusieurs portions de tiges, de les mettre en terre humide pour reproduire autant de végétaux entiers qu'il avait de portions de tiges : cette opération se pratique sur le *Géranium*, le *Fuschia*, le *Groseillier*, le *Saule*, etc.

Fig. 135. — Racines adventives du lierre.

11. Parti qu'on tire des racines. — Certaines racines, à cause des sucs qu'elles renferment, sont utilisées par l'homme pour son *alimentation;* telles sont : les *Carottes*, les *Navets*, les *Salsifis*, les *Radis;* la *Betterave*, dont on tire du sucre ; d'autres, desséchées ou fraîches, sont utilisées par la médecine : la *Rhubarbe*, l'*Ipécacuanha*, etc.; d'autres enfin fournissent des principes colorants employés dans la teinture : la *Garance* à principe colorant rouge, le *Curcuma* jaune, etc.

12. Tige. — La tige est la portion du végétal qui pousse dans l'air et qui supporte des feuilles. Elle se ramifie en des *branches* chez les arbres et les arbustes de nos climats : le *Chêne*, le *Pommier*, le *Lilas*. Mais, chez les plantes de l'embranchement des Monocotylédones, la tige ne porte pas de branches : les feuilles se trouvent en bouquet à son extrémité, ou enroulées autour de la tige : ainsi le *Palmier*, le *Blé*.

13. — Si l'on regarde avec quelque attention la bûche de chêne (*fig.* 136) qu'on a sciée pour mettre dans la cheminée, on verra à l'extérieur une partie rugueuse dont la coupure a formé une couronne marron foncé, c'est l'*écorce;* puis une portion plus compacte, c'est le bois, dont la partie voisine de l'écorce est assez tendre et constitue l'*aubier* et dont le reste est le *cœur ;* et enfin, tout au centre, une petite étoile, la *moelle.* L'aubier est la partie vivante du bois, c'est là que circule la *sève*, le liquide nourricier de la plante.

Fig. 136. — Tige de chêne sciée.

Autre chose encore frappera nos regards lorsque nous examinerons notre bûche de chêne : ce sera la succession de couronnes, les unes pâles, les autres foncées, entourant la moelle, lesquelles sont ponctuées de petits trous plus gros sur la couronne pâle que sur l'autre. La couche pâle est celle qui s'est déposée au printemps alors qu'elle était parcourue par la sève abondante qui montait des racines jusqu'aux feuilles; l'autre s'est formée à l'automne, alors que le mouvement de la sève était plus lent et qu'elle était plus chargée de matières étrangères.

Le nombre de ces couronnes indiquera donc l'âge de l'arbre.

14. — Nous aurons moins l'occasion d'examiner la coupe d'un arbre appartenant à l'embranchement des Monocotylédones : un palmier, par exemple (*fig.* 137); mais sachez cependant qu'on ne rencontre plus chez lui ni bois compact ni couronnes, on ne voit qu'une masse d'apparence spongieuse, et le bois n'existe qu'à l'état de fils.

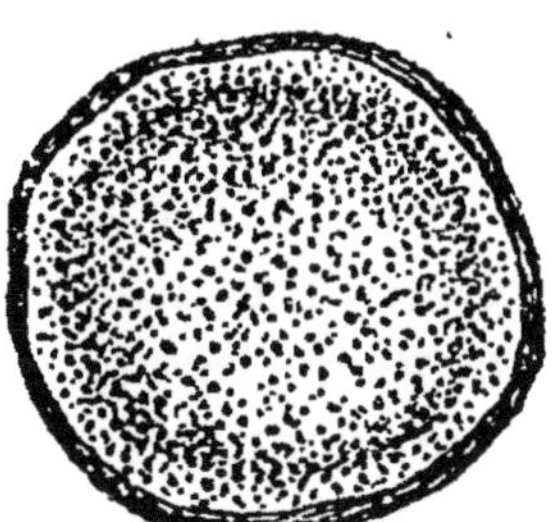

Fig. 137. — Tige de palmier sciée.

15. — Il est souvent possible de faire partir d'une tige un rameau qui portera des fleurs et des fruits étrangers à la tige même; cette opération est la **greffe**. Pour la réussir, on découpe soigneusement en forme d'écusson une lame d'écorce (*fig.* 138) munie d'un bourgeon, prise sur le végétal que l'on veut reproduire; puis, sur la tige du végétal que l'on veut améliorer, on pratique une incision qui ne coupe que l'écorce; ensuite on introduit l'écusson entre l'écorce coupée; enfin on resserre les sections avec de la grosse laine et l'on bouche les fentes avec de l'argile ou de la cire spéciale. Au-dessus de la greffe pousseront des feuilles et des fleurs semblables à celles du végétal transporté. Cette opération est pratiquée pour améliorer les espèces d'arbres fruitiers ou cultivés pour leurs fleurs. Mais elle ne peut réussir qu'entre végétaux de la même espèce.

Fig. 138. — Écusson, incision, greffe placée.

16. Parti qu'on tire des tiges. — Les tiges fournissent à l'homme des produits de la plus grande utilité; ce sont des tiges et des branches du Chêne, du Pin, du Hêtre, etc., dont on tire le ***bois de chauffage***

et *de construction;* le Noyer, l'Acajou, l'Ébène, le Palissandre cèdent leur bois à l'ébénisterie qui en fait *des meubles;* les tiges du Lin, du Chanvre, de l'Ortie blanche de Chine fournissent une *matière fibreuse* qu'on peut tisser pour produire la toile; les tiges souterraines que nous avons appelées tubercules sont généralement *comestibles :* la Pomme de terre, l'Oignon; c'est la tige d'un roseau qui, par compression, laisse échapper un liquide sucré d'où l'on tire le *sucre de canne.*

17. Feuilles. — Les *feuilles* sont les lames vertes et minces qui poussent sur les rameaux, leurs formes sont très diverses; on peut bien dire qu'il y a autant de formes de feuilles que de plantes.

Le contour de la feuille est parfois uni, le *Lilas;*

Fig. 139. — Feuilles simples.

Fig. 140. — Feuilles composées.

quelquefois il est assez profondément échancré, le *Chêne* (*fig.* 139); quelquefois même les échancrures sont si profondes qu'elles vont jusqu'au support principal de la feuille, de sorte qu'elle se trouve pour ainsi dire formée de plusieurs petites feuilles qu'on nomme *folioles.* Dans ce cas on dit que la feuille est *composée*, par exemple, les *Marronniers*, l'*Acacia* (*fig.* 140).

18. — Quant à la disposition des feuilles sur le rameau, elle n'est pas toujours la même (*fig.* 141); tantôt elles partent deux à deux à la même hauteur

Fig. 141. — Différentes dispositions des feuilles sur le rameau.

de la tige : le Marronnier; tantôt elles partent cinq ou six à la même hauteur : la Renoncule; tantôt enfin elles partent une à une à des hauteurs différentes, l'une à droite, l'autre à gauche : le Poirier.

19. — Pour rester vertes, les feuilles ont besoin de lumière; elles blanchissent et s'étiolent à l'obscurité. Le jardinier le sait bien : quand il lie ses Romaines, il prive le centre de la salade de lumière et elle blanchit; c'est dans des caves qu'il fait pousser la Barbe de capucin en obligeant les feuilles de la Chicorée à s'allonger et à blanchir.

20. — La feuille permet à la plante de transpirer, de laisser s'échapper par les petits trous qui la garnissent l'excès d'eau contenu dans la sève.

21. Parti qu'on tire des feuilles. — Certaines feuilles sont utilisées par l'homme pour son *alimentation :* l'Épinard, la Chicorée, les Salades; d'autres fournissent par *infusion* des liquides aux propriétés diverses : le Thé, la Bourrache ; la feuille de l'Indigotier donne une belle *matière colorante* bleue, l'indigo, etc.

Résumé.

1. — Certaines graines présentent deux *cotylédons*; on appelle *Dycotylédones* les plantes qui les fournissent. D'autres ne possèdent qu'un seul cotylédon, ce sont les plantes *Monocotylédones;* d'autres enfin n'ont pas de cotylédons, ce sont les *Acotylédones*.

Les **cotylédons** renferment l'*embryon* de la plante, lequel comprend : la *radicule*, la *tigelle*, la *gemmule*.

8. — La **racine** sert à fixer la plante dans le sol, et absorbe par ses radicelles l'eau chargée de sels dont elle se nourrit.

Les racines *adventives* naissent de la tige; elles sont utilisées en jardinage pour obtenir des *boutures*.

12. — La **tige** se ramifie en des branches ; chez les Dicotylédones, elle est formée de la *moelle*, du *cœur*, de l'*aubier* et de l'*écorce*. Elle présente des couronnes pâles et brunes qui indiquent chacune une année de l'arbre.

Chez les Monocotylédones, le bois n'est pas compact, il n'est formé que de fils de bois au milieu d'une masse spongieuse.

17. — Les **feuilles** sont quelquefois *simples*, quelquefois *composées de folioles*. Elles n'ont pas toujours la même disposition sur le rameau. Les feuilles blanchissent dans l'obscurité.

Une de leurs fonctions est de permettre la *transpiration* végétale.

Questionnaire. — 1. La graine du Haricot présente-t-elle le même aspect et la même composition que celle du Blé lorsqu'elle germe? — 2. Qu'entendez-vous par cotylédons du Haricot? — 3. Ne trouvez-vous pas à l'intérieur de la graine l'embryon du végétal? — 4. Vous en connaissez quelles parties? — 5. En combien d'embranchements divisez-vous le règne végétal? — 6. Sur quels caractères cette classification est-elle fondée? — 7. A quoi servent les cotylédons? — 8. A quoi sert la racine? — 9. En quoi les engrais sont-ils utiles? — 10. Qu'entendez-vous par racines adventives? — 11. Quel usage le jardinier en tire-t-il? — 12. Que remarquez-vous dans la section d'une bûche de chêne? — 13. Que sont ces couronnes que vous apercevez? — 14. Quelle indication vous donnent-elles? — 15. La tige du Palmier a-t-elle le même aspect? — 16. Qu'est-ce que la greffe et comment se pratique-t-elle? — 17. Qu'entendez-vous par feuilles simples? — 18. Par feuilles composées? et de quoi sont-elles composées? — 19. La disposition des feuilles sur le rameau est-elle toujours la même? — 20. Que produit l'obscurité sur les feuilles? — 21. Indique une fonction des feuilles?

CHAPITRE II

FLEURS ET FRUITS

FLEUR.

22. — Prenons, pour étudier la fleur, une fleur de pêcher.

Ce qui attire surtout nos regards, ce sont les belles lames roses qui l'enveloppent; comptons-les, nous en trouvons cinq. Eh bien, ces lames roses sont des *pétales* (*fig.* 142), la fleur de pêcher a donc cinq pétales. Au-dessous de ces pétales, nous remarquerons cinq autres feuilles vertes et pointues, celles-là, on les appelle *sépales*.

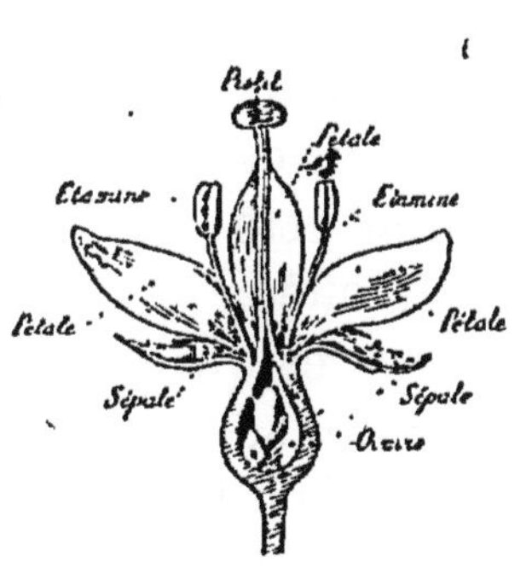

Fig. 142. — Fleur.

Continuons notre exploration, et pour mieux voir le reste, enlevons avec précaution les cinq pétales et les cinq sépales; nous trouverons alors des filets renflés en haut en de petits sacs jaunes; chacun de ces filets et son sac s'appellent *étamine*; quant à la poussière jaune contenue dans le sac, c'est le *pollen*. Enlevons ces filets, mais seulement ceux qui sont surmontés du sac jaune, j'en trouve onze ; il restera encore d'autres fils au centre, légèrement arrondis au bout, j'en vois quatre, qui reposent sur un petit corps en forme d'œuf. Ces fils au centre, leur renflement et l'œuf du bas forment ce qu'on appelle le *pistil*.

Nous venons de faire l'étude d'une fleur et nous la résumons en disant qu'elle est formée, en commençant par l'extérieur : des sépales dont l'ensemble s'appelle *calice*; des pétales dont la réunion forme le *corolle*; des *étamines*; puis enfin du pistil surmontant un petit œuf qu'on appelle *ovaire*.

23. — Toutes les fleurs, même celles qui possèdent les quatre éléments que nous venons de nommer, n'ont pas le même aspect; cela dépend surtout des formes des pétales, de leur disposition et même de leur nombre; si certaines fleurs ont plusieurs pétales distincts comme la Rose (*fig.* 143), la Giroflée, le Coquelicot, etc., il en est d'autres qui ont les pétales soudés n'en formant qu'un seul arrondi, la Pomme de terre, le Liseron (*fig.* 144), la Bruyère.

Fig. 143. — Fleur de rosier.

Fig. 144. — Fleur de liseron.

24. — Il existe aussi des fleurs qui sont privées d'un des quatre éléments signalés plus haut, elles sont dites fleurs incomplètes. Ainsi l'Ortie piquante, le Chêne, le Pin n'ont pas de corolle; et comme c'est la corolle qui est la partie brillante de la fleur, ces végétaux paraissent ne pas avoir de fleur.

25. — Il est d'autres végétaux chez lesquels un pied porte des fleurs à étamines et un autre pied des fleurs à pistil; ainsi, le Chanvre, le Houblon, le Saule (*fig.* 145). Mais il peut arriver aussi qu'un même pied porte des fleurs à étamines sans pistil et des fleurs à pistil sans étamines, ainsi le Melon (*fig.* 146),

Fig. 145. — Fleurs de saule, à gauche à étamines, à droite à pistil.

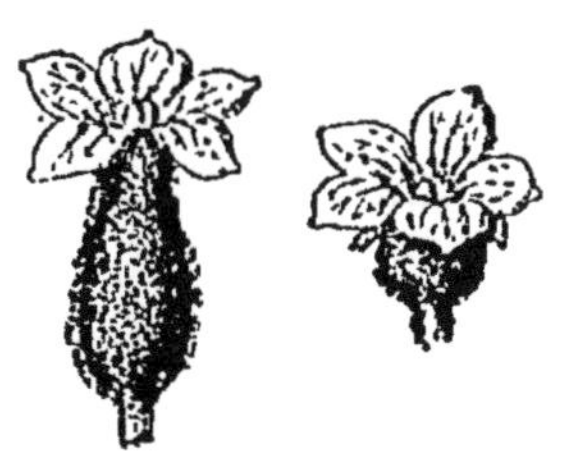

Fig. 146. — Fleurs du melon, à gauche à pistil, à droite à étamines.

le Noisetier, le Maïs; et dans ce cas ces deux fleurs peuvent avoir des aspects tout différents : ainsi nous avons remarqué les petits chatons pendant aux rameaux d'un Noisetier, c'est la fleur à pistil (*fig.* 147); et vous n'avez probablement jamais fait attention à sa fleur à étamine, c'est bien malheureux car elle est très curieuse : c'est une espèce de petit bourgeon surmonté de légers filaments d'un très beau rouge corail; cherchez-les au commencement du printemps.

Fig. 147. — Fleurs de noisetier, à gauche à étamines, à droite à pistil.

26. Utilité de la fleur. — La fleur n'est pas seulement agréable à voir, elle est surtout utile car c'est elle qui contient le fruit. En effet, le petit ovaire que nous avons remarqué à la base du pistil deviendra le fruit. Pour que l'ovaire devienne fruit, il est nécessaire que le pollen puisse tomber sur le sommet du pistil; or la chose sera facile lorsque la même fleur possédera le pistil et les étamines; mais la difficulté s'accroîtra lorsque les fleurs à pistil se trouveront distantes des fleurs à étamines, soit sur le même pied, soit surtout sur des pieds différents et éloignés; dans ce cas, le vent, les insectes ailés, les abeilles surtout, les oiseaux sont les véhicules de cette poussière indispensable à l'accroissement de l'ovaire. On a d'ailleurs remarqué que les arbres ont plus de fruits dans les régions où la culture d'abeilles est développée.

Si le pollen ne parvient pas sur le pistil, on dit que la fleur coule, elle né produira pas de fruit. C'est ce qui se produit lorsqu'il pleut abondamment à l'époque de la floraison : la pluie entraîne le pollen, le fait couler et l'empêche de se déposer sur le pistil.

On voit alors que les parties les plus brillantes de la fleur, les pétales, sont celles qui sont le moins utiles, puisqu'il existe des fleurs dépourvues de corolle et qui produisent cependant des fruits : le Noyer, le Chêne, etc. Et si, par de grands soins donnés à la plante, le jardinier parvient à transformer les étamines en pétales, il obtiendra des fleurs bien plus belles, des *fleurs doubles*, mais incapables de donner des fruits.

Les organes essentiels de la fleur sont donc les étamines et le pistil.

FRUIT.

27. — Le fruit est donc le développement de l'ovaire, quand le pollen a pu se fixer sur le pistil. Il grossit peu à peu avec la chaleur, se remplissant de liquides d'abord acides, puis sucrés.

A l'intérieur du fruit on trouve, affectant des formes diverses, la ou les graines. Nous pouvions déjà même les distinguer dans l'ovaire, mais elles étaient bien petites.

28. — Il ne faudrait pas croire que le fruit est toujours la partie bonne à manger formée par l'ovaire : si nous mangeons avec plaisir le fruit du Pêcher, du Pommier, du Cerisier, de la Vigne, demandons à la guenon du fabuliste qui « cueillit une noix dans sa coque verte » si elle a trouvé bon le fruit de la noix ; c'est la graine du Noyer que nous mangeons et non son brou qui est cependant le fruit ; le fruit du Haricot, c'est la gousse que nous mangeons en haricots verts, et non le haricot sec qui est la graine.

Il existe en outre de nombreux fruits qui sont des poisons ; aussi est-ce prudent de ne pas porter à sa bouche les fruits croissant aux arbres de nos bois ou de nos haies.

29. **Parti qu'on tire des fleurs et des fruits.** — En dehors du parti que le jardinier tire des fleurs pour l'ornementation et pour le plaisir des yeux, la médecine en utilise un grand nombre : le *Tilleul*, la *Camomille*, la *Mauve*, la *Fleur d'oranger*, la *Rose de Provins*, etc. ; la parfumerie emploie les essences odorantes qu'on extrait de la *Rose*, du *Jasmin*, de l'*Héliotrope ;* d'autres fournissent des matières colorantes, le *Safran*, le *Carthame ;* c'est dans les fleurs que les abeilles et les guêpes viennent puiser les éléments du miel.

De nombreux fruits sont comestibles : *Pommes*, *Poires*, *Pêches*, etc., etc. ; des liquides sucrés qu'on en extrait, on prépare, après fermentation, du *vin* ou du *cidre*, puis de l'*alcool*. Nous n'oublierons ni les pruneaux, ni les confitures de tous genres.

Résumé.

22. **Fleurs.** — Une fleur complète comprend : le *calice* formé de *sépales ;* la *corolle* formée de *pétales ;* les *étamines* por-

tant le *pollen;* et le *pistil* renflé en un *ovaire* à sa partie inférieure.

23. — Les pétales sont quelquefois soudés, quelquefois séparés.

24. — Les fleurs peuvent être incomplètes, parce qu'elles manquent de corolle, d'étamines ou de pistil.

Certaines plantes portent sur un même pied des fleurs à étamines et d'autres à pistil.

25. — D'autres ont sur le même pied toutes fleurs à pistil et sur un autre pied toutes fleurs à étamines.

26. — La fleur n'aura été utile que si l'ovaire a pu devenir fruit. Cette modification se produira lorsque le pollen aura pu se déposer sur le pistil. Les abeilles aident puissamment à ce transport. Autrement, la fleur coule.

Les fleurs *doubles* ne produisent pas de fruits; elles sont devenues doubles parce que des procédés de culture ont transformé les étamines en pétales.

27. **Fruit.** — Le *fruit* est produit par le *développement de l'ovaire;* il contient les graines à l'intérieur.

Questionnaire. — 1. De quels organes se compose une fleur complète? — 2. Que soutient l'étamine? — 3. Que trouvez-vous à la base du pistil? — 4. Les pétales d'une fleur sont-ils toujours séparés? — 5. Qu'entendez-vous par fleurs incomplètes? — 6. Un même pied porte-t-il toujours des fleurs complètes? — 7. A quoi sert la fleur? — 8. Quelles sont ses parties les plus utiles? — 9. Dans quelle condition l'ovaire deviendra-t-il fruit? — 10. Si cette condition n'est pas remplie, que dit-on de la fleur? — 11. Que savez-vous des fleurs doubles? — 12. De quoi provient le fruit? — 13. Que trouve-t-on intérieurement? — 14. Le fruit est-il toujours comestible?

CHAPITRE III

QUELQUES FAMILLES

PLANTES DICOTYLÉDONÉES.

30. — Nous venons de voir que la classification des végétaux en trois embranchements avait trouvé ses caractères distinctifs dans la graine. Pour classer les

plantes en *familles*, nous chercherons des ressemblances dans la *fleur*, et nous mettrons alors dans la même famille les plantes dont les fleurs ont les mêmes organes semblablement disposés.

DICOTYLÉDONÉES A PÉTALES SÉPARÉS.

31. Rosacées. — Dans cette famille nous placerons les végétaux dont la fleur ressemble à celle du rosier sauvage, l'*Églantier* (*fig.* 148); ils ont tous une

Fig. 148. — Églantier et sa fleur.

Fig. 149. — Pommier et sa fleur.

fleur à cinq sépales et à cinq pétales : les *Rosiers*, le *Poirier*, le *Pommier* (*fig.* 149), l'*Abricotier*, le *Cerisier*, le *Prunier*, le *Pêcher*, le *Framboisier*, le *Fraisier*, l'*Aubépine*, la *Ronce*, etc.

32. Légumineuses. — La fleur des Légumineuses est semblable à celle du *Pois*, on l'appelle papilionacée (*fig.* 150) parce qu'on croirait voir un papillon aux ailes déployées; son fruit est une *gousse* (*fig.* 151). Cette famille tire son nom de ce qu'elle

Fig. 150. — Fleur papilionacée du pois.

Fig. 151. — Gousse du pois.

contient de nombreuses plantes alimentaires. On y rencontre le *Pois*, le *Haricot*, la *Fève*, la *Lentille*; puis les espèces fourragères : le *Sainfoin*, le *Trèfle*, la *Luzerne* (*fig.* 152); puis le *Genêt*, la *Réglisse*, dont la

Fig. 152. — Trèfle. Sainfoin. Luzerne.

tige souterraine contient un suc adoucissant; la *Glycine* et les *Acacias*.

33. Crucifères. — Cette famille renferme les

Fig. 153. — Fleur en croix de la Giroflée avec ses étamines.

Fig. 154. — Colza.

plantes dont la fleur est en forme de croix (*fig.* 153) à quatre pétales; elles ont toutes des propriétés stimulantes et antiscorbutiques : le *Navet*, le *Radis*, le *Cresson*, la *Moutarde*, le *Colza* (*fig.* 154) et la *Navette* dont les graines fournissent des huiles pour l'éclairage; puis des plantes qui embellissent nos jardins : *Giroflée*, *Julienne*, *Thlaspi*, etc.

34. **Ombellifères.** — La forme des fleurs de cette famille rappelle une ombrelle chinoise ouverte : la *Carotte* (*fig.* 155), le *Céleri*, le *Cerfeuil*, le *Persil*; puis l'*Angélique*, l'*Anis*; puis la *Cigüe*, la grande et la petite, qui a des propriétés très vénéneuses et dont la ressemblance avec le Persil peut causer de grands dangers.

Fig. 155. — Carotte.

35. — D'autres familles de Dicotylédonées à pétales séparés sont :

Les **Cucurbitacées** : *Melon*, *Concombre*, *Potiron*.

Les **Papavéracées** : *Pavot*, *Coquelicot*, *Éclaire*.

Les **Malvacées** : *Mauve*, *Rose trémière*, *Cotonnier*.

Les **Polygonées** : *Oseille*, *Sarrazin*, *Betterave*, *Épinard*.

Les **Renonculacées** : *Renoncule*, *Nénuphar*, *Pivoine*, *Clématite*.

DICOTYLÉDONÉES A PÉTALES SOUDÉS.

36. **Solanées.** — Cette famille renferme quelques espèces comestibles ainsi que d'autres vénéneuses. La *Pomme de terre* dont on mange les tubercules souterrains, la *Tomate*, l'*Aubergine* (*fig.* 156) et le *Piment*. Puis les plantes vénéneuses : la *Belladone* dont le fruit assez semblable à une petite

Fig. 156. Aubergine.

Fig. 157. — Tabac et sa fleur.

cerise peut causer de fort dangereuses méprises ; le *Tabac* (*fig.* 157), la *Morelle* et la *Douce-amère*.

37. Labiées. — Les fleurs des plantes de cette famille ont la forme de lèvres (*fig.* 158); les tiges sont carrées; elles exhalent des odeurs fortes et agréables utilisées soit en parfumerie, soit en médecine, soit dans l'économie domestique. Telles sont : la *Lavande*, la *Mélisse*, la *Menthe*, le *Romarin*, le *Lierre terrestre*, le *Serpolet*, la *Sauge*, le *Thym*, l'*Ortie blanche* ou *Lamier blanc* (*fig.* 159).

Fig. 158. — Fleur labiée.

Fig. 159. — Lamier avec sa fleur labiée.

38. Synanthérées ou Composées.—Les plantes de cette famille sont dites Composées, parce que ce que nous prenons pour leur fleur est en réalité une réunion de petites fleurs ou *fleurons* (*fig.* 160) réunis sur un même réceptacle; et ce sont les fleurettes extérieures dont les corolles très allongées se sont étalées qui forment la gracieuse collerette blanche que vous remarquez chez la Marguerite. Ainsi tout le cercle jaune de la Marguerite est formé de petites fleurs se touchant toutes; vous pouvez d'ailleurs le vérifier en regardant ce cercle alors que la fleur est un peu avancée, vous trouverez les fleurons épanouis. Dans cette nombreuse famille se rencontrent : les *Marguerites*, les *Chrysanthèmes*, le *Soleil*, le *Dahlia*, la *Camo-*

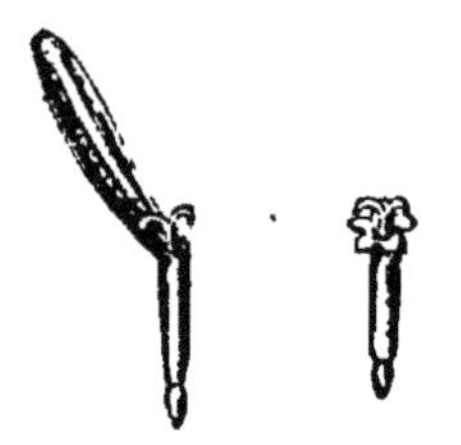

Fig. 160. — Demi-fleuron et fleuron de la Marguerite.

mille; puis la *Chicorée*, la *Laitue*, les *Pissenlits*, le *Salsifis;* enfin les *Chardons* (*fig.* 161) et les *Artichauts*, la *Bardane* et la *Centaurée.*

Fig. 161. — Chardon.

39. — Autres familles de Dicotylédonées à pétales soudés :

Les **Convolvulacées** : *Liseron, Volubilis, Patate.*

Les **Primulacées** : *Primevère* ou Coucou, *Oreille d'ours*, *Mouron rouge.*

Les **Jasminées** : *Jasmin*, *Lilas*, *Troène*, *Olivier.*

Les **Caprifoliacées** : *Chèvrefeuille*, *Sureau*, *Obier-boule-de-neige.*

Les **Éricinées** : *Bruyères*, *Azalée*, *Rhododendron.*

Les **Borraginées** : *Bourrache*, *Myosotis.*

Les **Violariées** : *Pensée*, *Violette.*

DICOTYLÉDONÉES SANS PÉTALES.

40. — Dans ces familles les fleurs ne sont plus brillantes puisqu'elles n'ont pas de pétales; vous aviez cru même que les plantes que nous allons nommer n'avaient pas de fleurs; mais n'oublions pas que la fleur n'est utilement constituée que par les étamines et le pistil.

Fig. 162. — Ortie.
En haut : fleur à étamines; en bas : à pistil.

41. Urticées. — Cette famille a pour type l'*Ortie* (*fig.* 162) dont les poils aigus inoculent au contact un liquide très caustique; l'*Ortie de Chine* et le *Chanvre*, plantes dont on tisse les fibres des tiges; de plus, on extrait de l'huile de la graine du chanvre appelée chènevis; le *Mûrier* (*fig.* 163) dont les feuilles servent à la nourriture des Vers à soie; le *Houblon* employé dans la fabrication de la bière; l'*Orme*.

Fig. 163. — Mûrier. Fleurs et fruits.

42. Amentacées. — Cette famille renferme le plus grand nombre des arbres de nos forêts : le *Chêne* (*fig.* 164), son écorce est utilisée pour le tannage des cuirs; l'écorce d'une autre espèce fournit le liège; le *Peuplier*, le *Charme*, le *Bouleau*, le *Saule*, le *Hêtre*, le *Châtaignier*, le *Noyer*, le *Noisetier*, qui tous fournissent leur bois pour la construction et pour le chauffage.

Fig. 164. — Chêne avec ses fleurs en chatons.

43. Conifères. — Le nom donné à ces arbres vient de ce que leurs fruits ont la forme de cônes; leur feuillage persiste sur l'arbre en toutes saisons, sauf pour les Mélèzes.

Tels sont : les *Pins* (*fig.* 165), dont on retire le goudron, la poix, la colophane, les *Sapins*, dont le bois est très employé, les *Cèdres*, le *Genévrier*, le *Cyprès*, l'*If* et le *Mélèze*.

Fig. 165. — Pin avec son fruit.

Les tiges de ces conifères sont généralement résineuses.

44. — D'autres familles de Dicotylédonées sans pétales sont :

Les Euphorbiacées : *Euphorbe, Ricin, Buis.*

Les Piperacées : *Poivrier, Laurier sauce* ou *Laurier d'Apollon* (*fig.* 166).

PLANTES DICOTYLÉDONÉES

Fig. 166. — 1. Oranger. — 2. Vigne. — 3. Thé. — 4. Cotonnier. — 5. Géranium. — 6. Œillet. — 7. Oseille. — 8. Renoncule. — 9. Véronique. — 10. Bourrache. — 11. Caféier. — 12. Violette. — 13. Buis.

EMBRANCHEMENT DES MONOCOTYLÉDONÉES

45. — Nous rappellerons que les plantes Monocotylédonées ont une tige cylindrique dont le bois n'est pas compact; nous observerons que leurs feuilles ont des nervures seulement dans le sens de la longueur; que leurs fleurs manquent de calice.

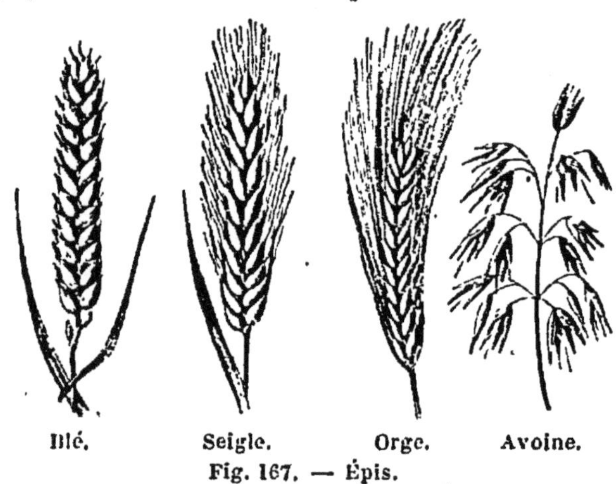

Blé. Seigle. Orge. Avoine.
Fig. 167. — Épis.

46. Graminées. — Cette famille est très répandue dans toutes les contrées du globe; c'est elle qui fournit à l'homme et aux animaux domestiques les produits les plus utiles; nous les nommons *herbes* ou *céréales*. On y rencontre le *Blé* (*fig.* 167), le *Seigle*, l'*Orge*, l'*Avoine*, le *Maïs* (*fig.* 168), le *Riz*, la *Canne à sucre*, le *Bambou* (*fig.* 169); et enfin toutes

Fig. 168. — Maïs. A gauche, fleur à étamines; en bas, fleur à pistil; à droite, épi; en bas, fruit.

Fig. 169. — Bambou

les petites espèces fourragères qui couvrent le sol et que nous désignons d'une façon générale par *foin*.

47. Liliacées. — Cette famille a pour type le *Lis* (*fig.* 170) ; la tige souterraine de ces plantes est un oignon qu'on appelle *bulbe*; elles sont recherchées en horticulture pour la beauté de leurs fleurs, et dans l'économie domestique comme aliments. Tels sont : le *Lis*, la *Tulipe*, la *Jacinthe*, le *Muguet*; puis l'*Oignon*, l'*Ail*, le *Poireau*, l'*Échalotte* (*fig.* 171).

Fig. 170. — Lis.

Fig. 171. — Échalotte.

48. Palmiers. — Les végétaux de cette famille vivent peu sous nos climats; ils ont une longue tige

Fig. 172. — Palmier dattier.

Fig. 173. — Palmier nain.

droite d'où s'échappe un bouquet de feuilles. Les principales espèces sont : le *Palmier dattier* (*fig.* 172) d'Afrique et d'Arabie, qui fournit les dattes; le *Chamærops* ou *Palmier nain* (*fig.* 173), le *Cocotier*, dont la noix dite noix de coco sert d'aliment aux habitants de l'Amérique septentrionale et des Indes; le *Cirier* des Andes, un des plus gros arbres du globe qui fournit une cire végétale.

49. — Autres familles Monocotylédonées.

Iridées. — *Iris de Florence; Iris jaune; Glaïeul, Safran.*

Orchidées. — *Orchis; Vanillier.*

50. — Puis les autres plantes (*fig.* 174) telles que :

Fig. 174. — 1. Bananier. — 2. Ananas. — 3. Souchet à papier. 4. Narcisse. — 5. Perce-neige. — 6. Asperge.

les *Asperges*, le *Narcisse* et la *Jonquille*; l'*Ananas* de l'Amérique du Sud, le *Bananier*, le *Souchet à papier* d'Égypte qui servait à la confection du papier des anciens.

EMBRANCHEMENT DES ACOTYLÉDONÉES

51. — Les plantes placées dans cet embranchement, la *Fougère*, la *Mousse*, le *Champignon*, ont peu de ressemblances avec celles que nous venons d'étudier; elles n'ont *pas de fleurs*, *pas de fruits*, par conséquent, pas même de graines; elles produisent seulement des poussières nommées *spores* qui peuvent donner naissance à de nouveaux végétaux (*fig.* 175).

Fig. 175. — Feuille de fougère. — A gauche : spores grossis.

52. — Les principales familles sont : les *Fougères*, les *Mousses*, les *Champignons*, les *Lichens* et les *Algues*.

53. Fougères. — Dans les Fougères que nous trouvons à l'ombre, dans nos bois, on remarque des feuilles, qui ressemblent à une crosse (*fig.* 176) avant leur complet développement, une tige rampant sous terre et des racines. Et même dans les régions tropicales la tige des Fougères est si élevée que la plante ressemble à un véritable arbre (*fig.* 177). C'est sous les feuilles qu'on rencontre à la fin de l'été les poussières brunes que nous avons appelées *spores* et qui sont réunies en taches arrondies.

Fig. 176. — Feuilles en crosse de la fougère.

Fig. 177. — Fougère arborescente.

54. Mousses. — Chez les Mousses nous trouvons encore une espèce de tige avec de petites feuilles, mais plus de racines proprement dites; à peine quelques fils partant de l'espèce de tige souterraine. Une petite tige, sans feuilles, renflée à sa partie supérieure, renferme les *spores* très fines (*fig.* 178) qui s'échapperont à la maturité.

Fig. 178. — Spores de la mousse contenus dans les petits sacs.

55. Champignons. — Les Champignons croissent dans les lieux humides et sombres; ils ont des formes très variées, mais la plus commune est la forme en parasol; leur dôme s'appelle chapeau, il est soutenu par un pied. Sous le chapeau, nous trouvons de petites lamelles qui, lorsque le Champignon est desséché, laissent échapper leurs spores en poudre brune. Mais cette fois ce végétal n'a plus de feuilles; quant au pied du chapeau, on ne peut guère lui donner le nom de tige, il n'a ni bourgeons ni feuilles; de même, nous ne pourrons pas appeler racine le feutre qui se trouve à son pied, car on n'y découvre aucun organe d'absorption. Le Champignon n'a donc ni racines, ni feuilles, ni tige proprement dite.

Il y a des Champignons qu'on mange : le *Champignon de couche* (*fig.* 179), l'*Oronge vraie* de couleur rouge orange sans taches; les *Bolets*, la *Morille* (*fig.* 180) semblable à une petite éponge; les *Truffes* poussant sous terre.

Fig. 179. — Champignon de couche.

Fig. 180. — Morille.

Il en est de fort dangereux; aussi les enfants doivent-ils bien se garder de manger et même de tenir dans les mains les Champignons de nos bois.

Il est enfin des Champignons microscopiques formant les *moisissures*, la *levure de bière*, la *mère du vi-*

maigre, la *teigne* qui cause une maladie de la peau, de la tête, etc.

56. Lichens. — Ici plus de feuilles, plus de tiges, plus de racines; les lichens sont ces plaques jaunâtres, vertes ou blanches que vous rencontrez sur l'écorce des arbres (*fig.* 181), sur les rochers et sur les vieux murs; ces membranes n'ont pas de formes déterminées. Un lichen, le *Lichen d'Islande* sert d'aliment, bien maigre, aux habitants des régions polaires ainsi qu'aux rennes.

Fig. 181. — Lichen des rochers.

57. Algues. — Enfin on trouve dans les eaux, surtout dans la mer, des végétaux de formes et de couleurs très curieuses et très variées : depuis le fil très fin jusqu'aux branchages à nervures très déliées, ou vertes, ou rouges, ou brunes; ce sont des Algues.

Fig. 182. — Algues marines.

Les plus communes sont les Varechs. Elles servent comme engrais dans les cultures qui avoisinent la mer (*fig.* 182).

Il en est d'autres très petites qui vivent dans les liquides de notre organisme et qui, malgré leur petitesse extrême, sont fort dangereuses; elles nous causent les terribles maladies contagieuses : choléra, variole, charbon, croup, etc.

Ici se termine notre étude des êtres vivants, animaux et plantes; aucune ne saurait nous donner davantage le sentiment de la suprême perfection de l'œuvre de Dieu. Des mousses imperceptibles au gigantesque palmier, des rudimentaires infusoires à l'organisme si parfait de l'homme, tout manifeste sa bonté infinie.

Résumé.

30. — La classification des plantes en familles est fondée sur la *ressemblance des fleurs.*

31. — Les principales familles de **Dicotylédonées à pétales séparés** sont : les *Rosacées :* Rosier, Poirier, Fraisier; les *Légumineuses:* Pois, Trèfle, Acacia; les *Crucifères :* Navet, Colza, Giroflée; les *Ombellifères :* Carotte, Anis, Ciguë; *Malvacées :* Mauve, Rose-trémière, Cotonnier ; *Renonculacées :* Renoncule, Nénuphar, Clématite.

36. — Dans les **Dicotylédonées à pétales soudés** nous trouvons : les *Solanées :* Pommes de terre, Belladone, Tabac; les *Labiées :* Mélisse, Thym, Ortie blanche; les *Synanthérées* à fleurs composées : Marguerite, Chicorée, Artichaut; *Jasminées :* Jasmin, Lilas, Olivier, *Éricinées :* Bruyère, Azalée, Rhododendron.

40. — Les **Dicotylédonées sans pétales** comprennent : les *Urticées :* l'Ortie, le Mûrier, le Houblon; les *Amentacées :* le Chêne, le Saule, le Noyer; les *Conifères :* Sapin, Genévrier, If.

45. — Le deuxième embranchement, celui des **Monocotylédonées,** renferme les *Graminées :* Blé, Riz, Bambou; les *Liliacées :* Lis, Oignon, Poireau; les *Palmiers :* Dattier, Cocotier, Cirier; *Iridées :* Iris, Glaïeul, Safran.

51. — Le **troisième embranchement** renferme les végétaux sans fleurs; ils se produisent à l'aide de poussières nommées *spores.* Les principales familles **Acotylédonées** sont les *Fougères,* les *Mousses;* les *Champignons :* Agaric ou champignon de couche, Morille, puis les Champignons microscopiques : Moisissures, Mère du Vinaigre, Teigne; les *Lichens;* puis les *Algues* de mer et d'eau douce et les **Microbes** du choléra, de la variole et du croup.

Questionnaire. — 1. Sur quels caractères la classification des plantes en familles est-elle fondée? — 2. Nommez quelques Rosacées? — 3. Légumineuses? Crucifères? (pourquoi ce nom?) Ombellifères? Cucurbitacées? Papavéracées? Malvacées? Polygonées? Renonculacées? — 4. Nommez quelques familles de Dicotylédonées à pétales soudés. — 5. Citez une plante comestible et une plante vénéneuse de la famille des Solanées. — 6. Quelles sont les propriétés des fleurs labiées? — 7. Pourquoi les Composées s'appellent-elles ainsi? — 8. Indiquez trois familles importantes de Dicotylédonées sans pétales, et citez quelques espèces dans chaque famille. — 9. Quelle enveloppe manque à la fleur des Monocotylédonées? — 10 Quel est le sens des nervures de leurs feuilles? — 11. Nommez quelques Graminées, Liliacées, Palmiers. — 12. En quoi les Acotylédonées diffèrent-elles des plantes des embranchements précédents? — 13. Qu'est-ce qui remplace leurs graines? — 14. Où sont-elles placées? — 15. Citez les principales familles? — 16. Nommez des Champignons comestibles; citez-en de microscopiques. — 17. Où croissent les Algues? — 18. Dites quelque chose sur leurs formes et leurs couleurs? — 19. Citez des Algues dites microbes des maladies contagieuses?

LIVRE IV

PHYSIQUE

CHAPITRE I

LES TROIS ÉTATS DES CORPS

1. — Mettons un morceau de glace dans un pot à confiture en verre (*fig.* 183), apportons-le dans la classe,

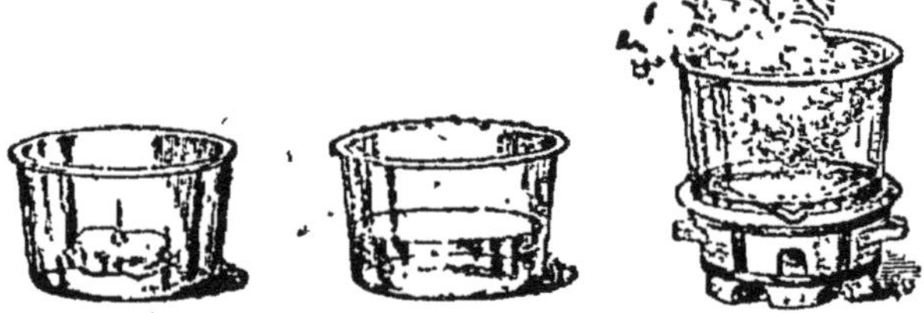

Fig. 183. — La glace devient eau liquide, puis vapeur.

et regardons-le : peu à peu de l'eau va couler sur le bloc de glace, se répandre au fond du pot à confiture, augmenter à mesure que la glace va diminuer de volume ; puis, plus de glace, tout est en eau. La glace était *solide*, elle est devenue *liquide*, on dit qu'elle a changé d'état.

Plaçons maintenant le pot contenant cette eau sur un petit fourneau allumé : nous allons voir se dégager un abondant brouillard ; c'est de la vapeur d'eau qui s'élèvera dans l'air et y disparaîtra ; puis, plus rien dans le vase, rien de visible au-dessus, l'eau a disparu complètement, se mêlant à l'air de la classe.

L'eau vient de nouveau de *changer d'état :* de *liquide*, elle est devenue *gaz* invisible.

Ce que je viens de faire très facilement avec la glace : la faire devenir liquide, puis gaz, j'aurais pu l'obtenir également avec un morceau de cire ; il aurait fallu la chauffer plus que la glace ; j'aurais trouvé de la cire liquide, puis elle serait partie dans l'air, y répandant une odeur assez désagréable : de la cire à l'état de gaz. De même sur la pelle du foyer je pourrais transformer un morceau de plomb en du plomb liquide ; puis, enfin en du plomb gazeux.

Ces changements de consistance que nous ont présentés l'eau, la cire, le plomb, sont ce qu'on appelle des *changements d'états*. Les corps peuvent alors se présenter à nous sous trois états : ou *solides* ou *liquides* ou *gazeux*.

2. — Et ce que nous avons fait pour l'eau, la cire, le plomb, nous aurions pu le faire pour *tous les autres corps*, si nous avions pu disposer de foyers de chaleur assez ardents. *Tous les corps, en effet, peuvent passer par les trois états.* Si nous voyons le fer solide constituer les charpentes de nos ponts, c'est que son état est d'être solide à la température à laquelle nous le voyons ; mais le forgeron le connaît très bien liquide, il le fait couler à son gré.

Les états des corps ne sont donc que passagers : les corps sont solides, liquides ou gazeux suivant la température.

De même, si nous venons à refroidir un gaz, il pourra devenir liquide, puis solide, si vous le refroidissez encore. Ainsi, même l'air invisible qui nous entoure et que nous respirons peut devenir un liquide, on a même pu le rendre solide : et ne désespérons pas de manger un jour du pain d'air.

3. — Un *solide* est donc un corps plus ou moins compact, ayant une forme invariable, souvent difficile à couper.

Un *liquide* est formé de particules très facilement mobiles et glissant les unes sur les autres jusqu'à ce que sa surface soit devenue horizontale; un liquide n'a pas de forme par lui-même, il prend la forme des vases dans lesquels on le met.

Un *gaz* est insaisissable, il tend toujours à augmenter de volume et pour cela ne peut se conserver que dans des vases bien clos de toutes parts; comme il tend toujours à occuper plus de place qu'on ne lui en donne, il pousse constamment les parois des vases qui l'enferment.

Résumé.

1. — Les corps se présentent à nous sous trois états : à l'état **solide, liquide** et **gazeux.**

2. — *Tous les corps peuvent plus ou moins facilement passer par les trois états:* un solide chauffé devient liquide, un liquide chauffé devient gaz. Inversement, en refroidissant un gaz, il peut devenir liquide, puis solide.

Questionnaire. — 1. Quels sont les différents états des corps? — 2. Exemple d'un corps passant facilement par les trois états. — 3. Peuvent-ils tous y passer? — 4. Que faut-il faire pour cela?

CHAPITRE II

PESANTEUR — LEVIERS

4. — Si d'une même hauteur nous laissons tomber en même temps une balle de plomb, un bouchon de liège, une feuille de papier (*fig.* 184), etc., tous ces

corps tomberont à terre comme attirés par une force invisible, mais tous ne toucheront pas le sol en même temps : la balle de plomb arrivera la première, puis le bouchon, puis le papier. La force qui attire tous les corps vers la terre est appelée *Pesanteur;* et comme tous les corps sont soumis à son action, on dit qu'ils sont tous pesants.

Fig. 184. — Le plomb tombe le premier, puis le bouchon, puis la feuille de papier.

Ce qui fait que les trois corps lâchés en même temps ne sont pas arrivés au sol en même temps, c'est qu'il leur fallait traverser de l'air qui, sans que cela vous paraisse, présentait une certaine résistance à leur passage. C'est alors le plus fort qui est passé le premier. Mais, s'il n'y avait eu aucune résistance à vaincre, tous trois seraient arrivés en même temps au sol. On a pu vérifier ce fait qui semble extraordinaire : on a introduit dans un gros tube de verre (*fig.* 185) une balle de plomb, un morceau de liège, une boulette de papier, une plume d'oiseau; ensuite, à l'aide d'un certain appareil appelé machine pneumatique, on a retiré

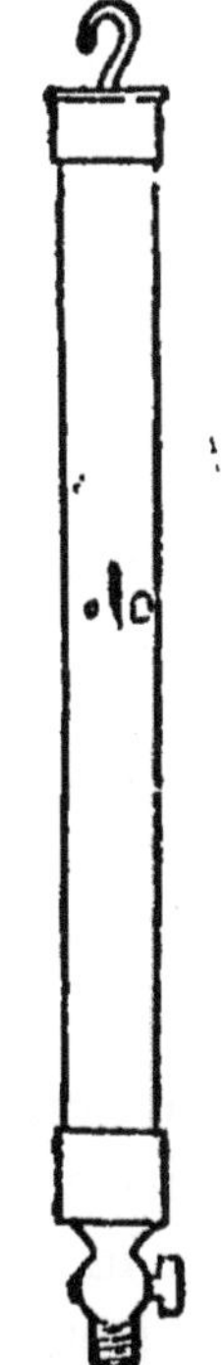

Fig. 185. — Dans un tube privé d'air, les corps tombent également vite.

l'air du tube; enfin, le retournant brusquement, on a vu tous ces corps tomber avec la même vitesse et arriver au fond du tube en même temps.

5. — La pesanteur agit donc également sur tous les corps; mais certains peuvent mieux que d'autres vaincre la résistance que l'air oppose à leur chute. Prenons, par exemple, deux feuilles de papier d'un cahier, faisons une boulette de l'une d'elles et laissons l'autre en feuille, puis laissons-les tomber, la boulette arrivera la première (*fig.* 186); et cependant les deux pèsent autant; mais la feuille déplaçant une plus grande quantité d'air subissait une plus grande résistance.

Fig. 186. — Le papier froissé tombe plus vite.

6. — Tout corps en tombant d'un même point suit toujours le même chemin en ligne droite : cette droite est dite *verticale;* elle est indiquée par tout fil qui soutient un plomb ou une pierre. C'est suivant cette direction que poussent les arbres, que s'élèvent les murs des maisons. C'est pour cela que le maçon tient toujours en mains son *fil à plomb* (*fig.* 187) afin de s'assurer que le mur qu'il dresse est bien vertical, c'est-à-dire ne penche ni d'un côté ni de l'autre par rapport à la terre. Au contraire, l'eau d'un lac est dite *horizontale;* sa direction est perpendiculaire à la verticale.

Fig. 187. — Fil à plomb.

7. Leviers. — Pour soulever de très gros fardeaux, on n'a pas toujours besoin d'être fort, si l'on est ingénieux. En s'aidant de machines très simples, on peut arriver sans peine à produire des effets considérables. Voyez cet ouvrier (*fig.* 188) occupé à soulever cette énorme pierre, il n'y parviendrait certainement pas s'il voulait la saisir dans ses bras; il a engagé une extrémité d'une barre de fer sous la pierre, il a approché sous la barre une bûche de bois, et le plus près possible du bloc à soulever, puis appuyant sur l'autre extrémité, il verra sans trop d'effort la pierre se déplacer. Ce petit appareil simple, économisant la force humaine, est un *levier*.

Fig. 188. — Levier du premier genre.

Fig. 189. — Levier du deuxième genre.

Fig. 190. — Levier du troisième genre.

Il aurait pu donner une autre disposition à son levier : appuyer en terre une extrémité de la barre, et soulever (*fig.* 189) l'autre extrémité, le bloc se trouvant cette fois entre le point d'appui et lui-même; alors que tout à l'heure le point d'appui A était entre le fardeau et l'ouvrier, mais très près du fardeau.

Quelquefois, la disposition du levier est telle que, au lieu de faire gagner de la force, il fait gagner de la vitesse; ainsi, alors que le pied du rémouleur (*fig.* 190) se déplace très peu, il fait produire un plus grand trajet à l'extrémité de sa pédale qui, dans son mouvement, fait tourner la roue qui aiguise le couteau.

BALANCE

8. — Nous avons tous constaté que tous les corps n'ont pas le même poids, qu'il n'est pas également facile de les empêcher de tomber au sol. Nous savons en outre combien il est important de connaître le poids d'un objet : tant de marchandises se vendant au poids. L'appareil qui nous permet de mesurer combien un corps pèse de kilogrammes ou de grammes est la *Balance* (*fig.* 191).

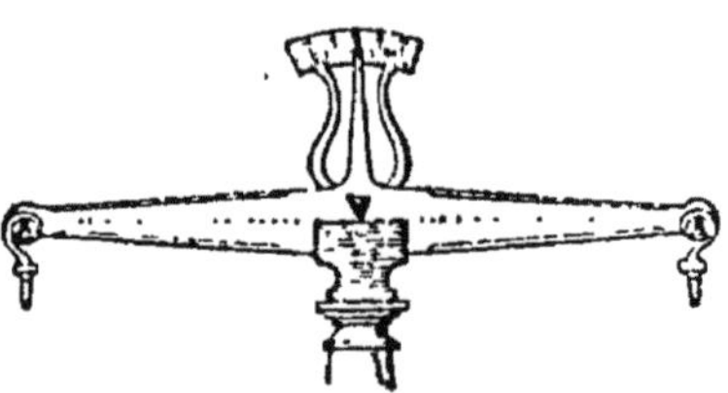

Fig. 191. — Balance.

La balance est une barre horizontale, un levier, appelé encore fléau, soutenu juste en son milieu et portant à chaque extrémité des plateaux en cuivre supportés par des chaînettes. Quand les plateaux ne portent rien ou quand ils sont chargés de poids égaux, le fléau doit être bien horizontal, on dit qu'il y a équilibre; mais si l'on vient à ajouter le plus petit poids d'un côté, le fléau doit s'abaisser du côté surchargé.

9. — Pour peser un corps, un morceau de bois par exemple, on le mettra dans un des plateaux; puis on

placera dans l'autre assez de poids marqués en cuivre, pour que le fléau devienne horizontal; en additionnant les nombres de grammes marqués sur les poids, on trouvera le poids du morceau de bois.

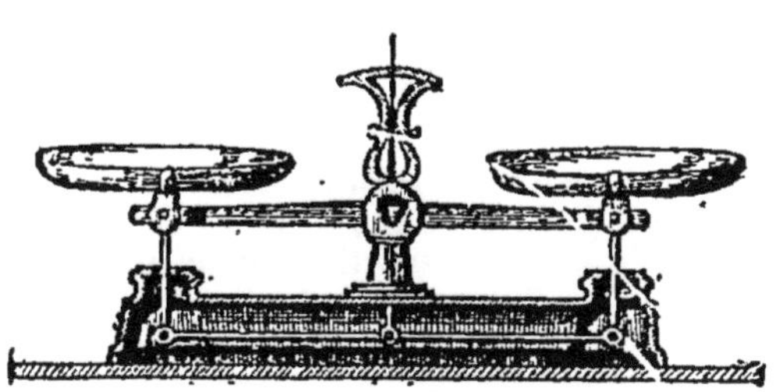

Fig. 192. — Balance de Roberval.

Le levier d'une balance n'est pas toujours visible : telle est la balance servant aux marchands de tabac, aux marchands de beurre, etc., qui n'a jamais de gros poids à supporter; la balance est moins encombrante; elle est dite de *Roberval* (*fig.* 192).

Au contraire, dans les gares de chemins de fer, chez les grainetiers, etc., où l'on doit peser de très lourds fardeaux, la balance affecte une tout autre disposition : c'est la *bascule.*

Résumé.

4. — Tous les corps sont attirés vers la terre par une force spéciale appelée **Pesanteur.** Dans l'air, ils ne tombent pas tous avec la même vitesse, à cause de la résistance que ce gaz présente à leur chute; mais si l'air vient à disparaître, comme dans un tube qu'on priverait d'air, tous les corps, quels que soient leur poids et leur volume, tombent également vite.

6. — La *verticale* est la direction suivie par tout corps tombant librement dans l'air; elle est indiquée par le *fil à plomb.* La direction *horizontale* est perpendiculaire à la verticale.

7. — Un **levier** est une machine simple qui permet d'économiser de la force ou d'accélérer un mouvement. Dans le levier du premier genre, le point d'appui est entre le fardeau et la puissance; dans celui du deuxième genre, c'est le fardeau qui se trouve entre le point d'appui et la puissance; et dans celui

du troisième genre, c'est la puissance qui se trouve placée entre l'extrémité mobile et le point d'appui.

8. — La **balance** sert à comparer le poids d'un corps à celui qu'on a pris pour unité : kilogramme ou gramme. C'est un fléau mobile autour de son milieu ; il doit être horizontal quand les plateaux sont chargés de poids égaux.

Questionnaire. — 1. Qu'est-ce que la Pesanteur? — 2. Agit-elle sur tous les corps? — 3. De quelle façon dans l'air? — 4. De quelle façon dans le vide? — 5. Quelle est la direction de la pesanteur? — 6. Comment est-elle indiquée? — 7. Quelle est la direction de l'eau dormante? — 8. Qu'est-ce qu'un levier? à quoi sert-il? — 9. A-t-il toujours la même disposition quant au point d'appui? — 10. Augmente-t-il toujours la force déployée? — 11. A quoi sert la balance? — 12. De quoi se compose-t-elle? — 12. Comment reconnaît-on qu'il y a équilibre?

CHAPITRE III

PESANTEUR DES LIQUIDES

10. — Lorsqu'on verse de l'eau ou un liquide quelconque dans plusieurs vases qui communiquent entre eux, on voit le liquide se répandre (*fig.* 193) dans tous les vases, et le niveau se maintenir partout à la même hauteur. Si l'on réunissait par une ligne les différentes surfaces de l'eau dans ces divers vases, on constaterait que cette ligne est horizontale, ce qu'on exprime en disant que les *surfaces libres d'un même liquide dans plusieurs vases communiquants sont sur une même ligne horizontale.*

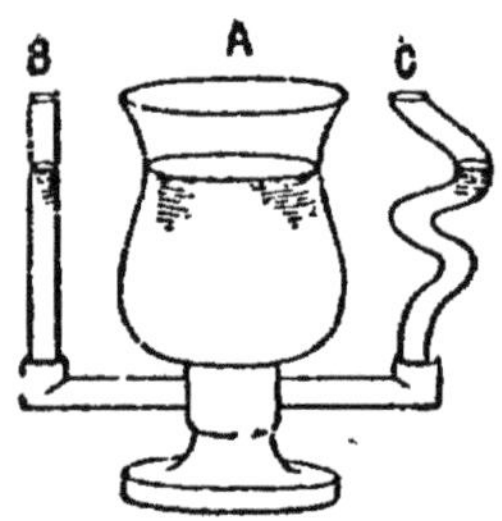

Fig. 193. — Vases communiquants : le liquide s'élève à la même hauteur dans les trois vases.

C'est ce qui explique l'élévation de l'eau dans le jet d'eau (*fig.* 194); on trouve là, en effet, un réservoir élevé, un tuyau de communication entre le réservoir et le bassin; si l'on ouvre le robinet, l'eau jaillit et tend à s'élever aussi haut que l'eau du réservoir. Elle ne va pas aussi haut parce qu'elle doit traverser l'air qui résiste à son élévation.

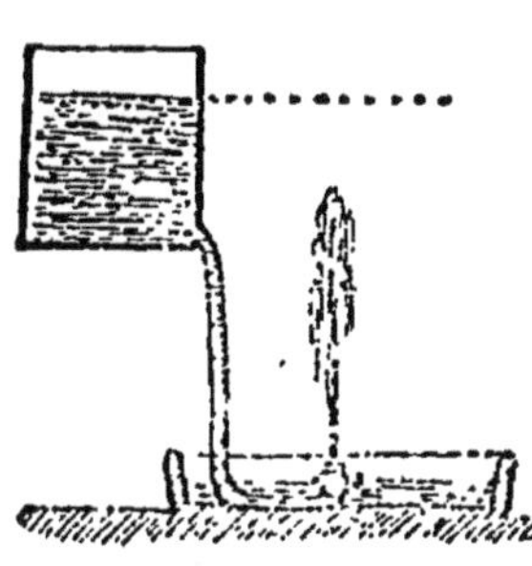
Fig. 194. — Jet d'eau.

11. Corps plongés. — Nous avons bien tous remarqué qu'il est plus facile de soulever un corps lorsqu'il est dans l'eau que lorsqu'il est dans l'air. C'est qu'en effet l'eau résiste à sa chute et le pousse de bas en haut alors qu'il voudrait, sous l'influence de la pesanteur, tomber de haut en bas. On dit alors, après Archimède, que *tout corps plongé dans un liquide reçoit une poussée de bas en haut égale au poids du liquide qu'il déplace.*

Ainsi, supposons que nous voulions soulever dans l'eau un pavé qui a pour volume 1 décimètre cube et qui dans l'air pèse 5 kilogrammes (*fig.* 195). Ayant pour volume 1 décimètre cube, il déplacera 1 décimètre cube d'eau dont le poids est 1 kilogramme, et comme, en vertu du principe d'Archimède que nous venons d'énoncer, l'eau pousse le pavé vers le haut avec une force de 1 kilogramme, nous n'aurons à déployer qu'un effort de 4 kilogrammes

Fig. 195. — 4 kilog. équilibrant le pavé plongé dans l'eau qui pesait 5 kilog. dans l'air.

pour soulever le pavé. Le pavé n'a pas perdu de son poids lorsqu'il a été plongé, mais pour le soulever nous nous sommes trouvés deux, l'eau et nous-même, de sorte qu'il nous a semblé moins lourd.

12. — Il pourra même arriver qu'un corps paraîtra peser moins que rien, lorsqu'il sera plongé dans l'eau, qu'il faudra le pousser pour l'obliger à tomber; c'est le cas d'un bouchon de liège que nous abandonnerons au milieu d'un baquet d'eau (*fig.* 196). Nous le verrons aussitôt s'élever vers la surface : c'est parce que le liège est plus léger que l'eau et que, placé dans celle-ci, il a reçu une poussée de bas en haut égale au poids de l'eau qu'il déplaçait, alors qu'il n'était attiré vers le fond du baquet que par son poids, inférieur à celui d'un même volume d'eau. Alors, tiré de deux côtés différents par deux forces inégales, il a dû obéir à la plus grande et s'élever.

Fig. 196. — Le bouchon s'élève dans l'eau.

13. — C'est qu'en effet tout corps plongé dans un liquide se trouve sollicité par deux forces : l'une, son poids, qui tend à le faire tomber vers le fond ; l'autre, la poussée du liquide, qui tend à l'élever vers la surface. Suivant que l'une ou l'autre de ces forces l'emportera, le corps plongé ira dans un sens ou dans l'autre. Ainsi un morceau de fer ira au fond d'un vase contenant de l'eau, mais il s'élèvera dans un bain de mercure.

Fig. 197. — Le bouchon lesté reste au milieu du liquide.

14. — Vous pouvez également rencontrer un objet

qui, plongé dans l'eau, ne s'élèvera ni ne s'abaissera; c'est qu'alors son poids sera égal à celui de l'eau déplacée. Enfonçons quelques clous dans le bouchon de liège (*fig.* 197) qui s'élevait tout à l'heure, afin de le lester convenablement, et, après quelques tâtonnements, nous pourrons avoir un bateau sous-marin dans notre baquet.

Résumé.

10. — *Les surfaces libres d'un même liquide dans plusieurs vases communiquants sont sur une même ligne horizontale;* c'est ce qui explique l'ascension de l'eau dans les jets d'eau.

11. — *Tout corps plongé dans un liquide reçoit une poussée de bas en haut égale au poids du liquide déplacé.* Un corps plongé dans l'eau paraît moins lourd qu'il ne l'est réellement.

12. — Un corps immergé ira au fond du vase, ou restera au milieu du liquide, ou flottera, suivant que son poids sera supérieur, égal ou inférieur au poids d'un même volume de liquide.

Questionnaire. — 1. Que sont les niveaux d'un même liquide dans plusieurs vases qui communiquent entre eux. — 2. Quelle hauteur devrait atteindre le jet d'un jet d'eau? — 3. Qui s'oppose à son élévation? — 4. Un corps plongé dans l'eau paraît-il peser autant que dans l'air? — 5. Pourquoi pas? — 6. A quoi est égale la poussée qu'il reçoit? — 7. Dans quel cas un corps flottera-t-il?

CHAPITRE IV

PESANTEUR DE L'AIR

15. — L'air lui-même, au milieu duquel nous vivons avec une telle aisance, est pesant. Les physiciens

antérieurs au XVIIe siècle ne le savaient pas. C'est Galilée et Torricelli, deux savants italiens, qui signalèrent la pesanteur de l'air vers 1643. 1 litre d'air pèse même 1^{gr},293.

16. — Et comme il y a sur la terre un volume d'air formidable, on voit que la pression de cet air, de cette *atmosphère*, comme on l'appelle, peut être considérable. Elle est telle, en effet, que notre corps supporte une pression d'environ 15,000 *kilogrammes*. Nous ne nous croyions pas si forts certainement et ne savions pas pouvoir résister à de tels fardeaux sans être écrasés sous leur poids. Si nous ne sommes pas écrasés sous cette pression, c'est qu'elle nous presse également de toutes parts, de haut en bas, de bas en haut, de droite à gauche, de gauche à droite, de l'extérieur à l'intérieur comme de l'intérieur à l'extérieur, et que, pour qu'il y ait écrasement, il est nécessaire qu'un côté cède, qu'il soit moins pressé, ce qui n'est pas le cas, puisque nous sommes dans un bain de pression uniforme.

17. — On peut montrer l'existence de la pression atmosphérique de différentes façons. Prenons un large manchon de verre (*fig.* 198) que nous fermerons d'une part par une peau de vessie tendue et posons l'autre bout sur la table de la machine pneumatique; à mesure que nous retirerons l'air du manchon, nous verrons la peau se creuser et bientôt se crever; nous entendrons alors un fort bruit causé par le choc de l'air sur la table de la machine. Si la peau était primitivement horizontale, c'est parce qu'elle était également pressée sur ses deux faces, d'une part par l'air

Fig. 198. — Crève-vessie.

intérieur au manchon, d'autre part par l'air atmosphérique; mais à mesure qu'on enlève l'air intérieur, il réagit avec moins de force; la pression atmosphérique agissant de haut en bas l'emporte, et d'autant plus qu'on enlève plus d'air, jusqu'à ce que la pression soit devenue si forte que la membrane cède. Si en effet on admettait qu'on pût faire exactement le vide dans le manchon, à ce moment la membrane supporterait le poids d'une colonne d'air ayant pour base le cercle du manchon et pour hauteur 15 à 16 lieues. C'est déjà suffisant!

18. Baromètre. — Pour mesurer la pression que l'atmosphère exerce sur la terre, on ne s'est pas servi de balances; on n'a pas dit : la pression est en ce moment de 10,000^{kg} par mètre carré, elle était hier 9,540^{kg} sur la même surface, etc.; on a cherché jusqu'à quelle hauteur elle était capable de pousser un liquide lourd (*fig.* 199) dans un tube privé d'air; et l'on a dit : la pression atmosphérique est de 765^{mm} pour exprimer qu'elle était capable, aujourd'hui, de maintenir une colonne de mercure jusqu'à 765^{mm} dans un tube privé d'air. Et si, pour une cause ou pour une autre, la pression vient à varier, de même la hauteur du mercure variera dans le tube : augmentant quand la pression augmente, diminuant quand la pression diminue.

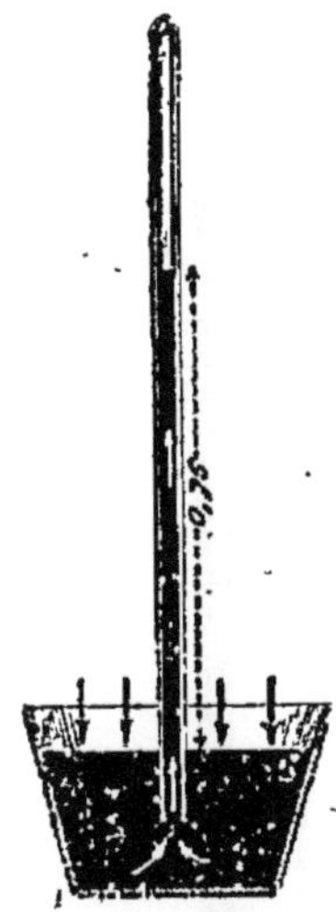

Fig. 199. — Tube de Torricelli.

Si donc nous prenons, comme Torricelli, un tube de verre long de 1^{m} environ, que nous l'emplissions complètement de mercure et que, bouchant avec le doigt son extrémité ouverte, nous le retournions pour le plonger dans un verre contenant du mercure (*fig.* 199), nous verrons, après avoir retiré le doigt, le mercure du tube descendre un peu, mais son niveau se maintenir à une hauteur d'environ 0m,76 au-dessus du niveau du mercure dans le verre. Comme il n'y a rien au-dessus du mercure dans le tube, tandis qu'au-dessus du mercure du verre presse l'atmosphère, nous devons en conclure que c'est la pression atmosphérique qui maintient à cette hauteur cette colonne de mercure; que ce mercure fait équilibre à l'air, comme le font les poids placés dans le plateau d'une balance équilibrant le corps placé dans l'autre.

Il est facile de voir pourquoi nous avons dû prendre, pour notre expérience, un liquide aussi lourd que le mercure, car plus le liquide serait léger, plus il s'élèverait haut dans le tube (*fig.* 200) : ainsi pour l'eau qui est 13 fois et demie plus légère que le mercure, sa hauteur aurait été 13 fois et demie plus grande, soit 10m, 33. Et

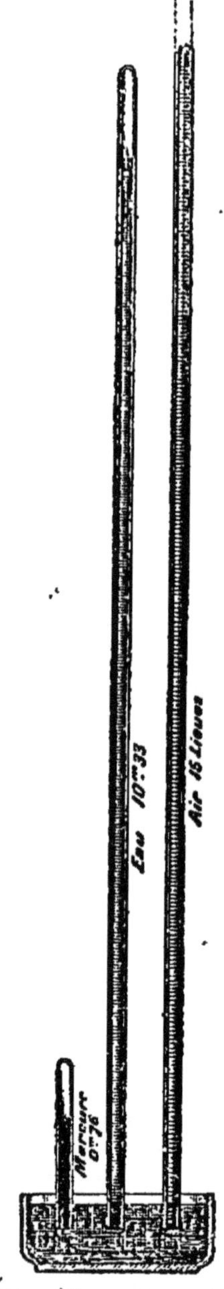

Fig. 200. — Une colonne de 0m,76 de mercure équilibre une colonne d'eau de 10m,33 ou une colonne d'air de la hauteur de l'atmosphère : 15 lieues.

alors que la pression atmosphérique est capable de maintenir une colonne de mercure dans un tube privé d'air jusqu'à 0m,76, elle y maintiendrait de l'eau jusqu'à 10m,33.

Autrement dit, la surface de la terre supporte, du fait de l'air pesant sur elle, une pression égale à celle qu'elle supporterait si elle était couverte d'une nappe d'eau de 10m,33 de hauteur ou d'une couche de mercure haute de 0m,76.

Pour construire un baromètre, il suffira donc d'emplir de mercure un tube de 1m environ de hauteur, et de le retourner sur une cuvette contenant du mercure. Pour connaître la pression, on comptera à l'aide d'un mètre le nombre des millimètres compris entre les niveaux du tube et de la cuvette. C'est le *baromètre à cuvette.*

19. Usages du baromètre. — Puisque, en un même lieu, la hauteur du mercure dans le baromètre n'est pas toujours la même, l'atmosphère y est donc plus ou moins *lourde.* Ces variations du poids de l'air en en lieu sont produites par des changements de température causés soit par les vents, soit par la pluie. On a remarqué que, lorsque la pression atmosphérique augmentait lentement et régulièrement, elle était suivie de beau temps; que, lorsque la pression diminuait graduellement, c'était présage de pluie; qu'un brusque abaissement de pression était signe de grand vent; on a alors, sur ces indications, fait servir nos baromètres d'appartements à la prévision du temps, et en regard des hauteurs différentes, on a gravé les indications suivantes :

Très sec......	**785mm**	**Pluie ou vent.**	**749mm**
Beau temps...	**770**	**Grande pluie..**	**740**
Variable......	**760**	**Tempête......**	**731**

20. — Un autre usage du baromètre est fondé sur une expérience que fit Pascal, physicien français, au Puy-de-Dôme. Puisque c'est la pression atmosphérique qui maintient le mercure dans le tube barométrique, plus on s'élèvera dans l'atmosphère, moins on aura d'air au-dessus de la cuvette à mercure et moins le mercure devra s'élever dans le tube ; c'est ce que Pascal a vérifié en plaçant trois baromètres, l'un au pied du Puy-de-Dôme, l'autre à mi-hauteur et l'autre au sommet. Celui du bas accusait une hauteur de 710^{mm}, celui du haut 627^{mm}.

Le calcul a montré qu'une colonne de 1^{mm} de mercure faisait équilibre à 10^{m},50 d'air ; lors donc qu'on s'élèvera, emportant un baromètre, et que le mercure baissera de 1^{mm}, c'est qu'on se sera élevé de 10^{m},50 ; et d'autant de fois 10^{m},50 que le mercure aura baissé de millimètres dans le tube.

Le baromètre peut donc ainsi servir à la *mesure des hauteurs*.

21. Autres applications de la pression atmosphérique. — Si nous chassons en partie l'air d'une carafe en faisant brûler un peu de papier dedans (*fig.* 201), et que nous bouchions l'ouverture avec un œuf dur dépouillé de sa coquille, nous le verrons peu à peu s'enfoncer et parvenir même à pénétrer complètement dans la carafe. Nous entendrons alors un bruit assez fort causé par le choc de l'air contre le fond. Si l'œuf s'est enfoncé, c'est qu'il était poussé de haut en bas

Fig. 201. — L'œuf dur pénètre dans la carafe quand l'air en a été chassé.

par la pression atmosphérique alors qu'il n'était plus soutenu par l'air chassé de l'intérieur.

22. — C'est encore la pression atmosphérique qui empêche un liquide de s'écouler d'un tonneau dans lequel on n'a pratiqué qu'un seul petit trou. Mais le liquide s'écoulerait cependant si le trou était assez gros pour laisser passage au liquide et à de l'air qui s'élèverait alors dans le tonneau et presserait sur la surface du liquide.

23. — C'est toujours la pression de l'air qui empêche un liquide de s'échapper d'un petit tube d'abord ouvert à ses deux extrémités et plongé dans le liquide, puis soulevé en maintenant bouchée avec le doigt l'extrémité non immergée. Ce petit appareil est dit *pipette* (*fig.* 202) ou *tâte-vin* quand il sert aux marchands de vin à tirer un petit échantillon par la bonde débouchée.

24. — C'est toujours la pression atmosphérique qui fait monter l'eau dans la seringue quand nous tirons sa tige. Nous pouvons très bien voir son fonctionnement en prenant une petite seringue en verre (*fig.* 203) : à l'intérieur nous apercevons un tampon garni de coton, qui peut s'élever ou s'abaisser grâce à sa tige en verre. Lorsque le tampon est au fond de la seringue et que la pointe est dans l'eau d'un verre, si nous tirons la tige, nous ne laissons pas

Fig. 202. — Pipette.

Fig. 203. — Seringue.

rentrer d'air au-dessous du tampon qui frotte bien contre les parois : alors l'eau, poussée par la pression atmosphérique, s'élève dans la seringue.

25. — C'est le même phénomène qui se produit quand nous buvons de l'eau avec un fétu de paille. Nous aspirons l'air du tube en paille et l'eau monte jusque dans notre bouche, poussée par l'air extérieur qui n'est plus équilibré. Le liquide n'est pas attiré par le vide fait dans le tube, mais poussé par l'atmosphère.

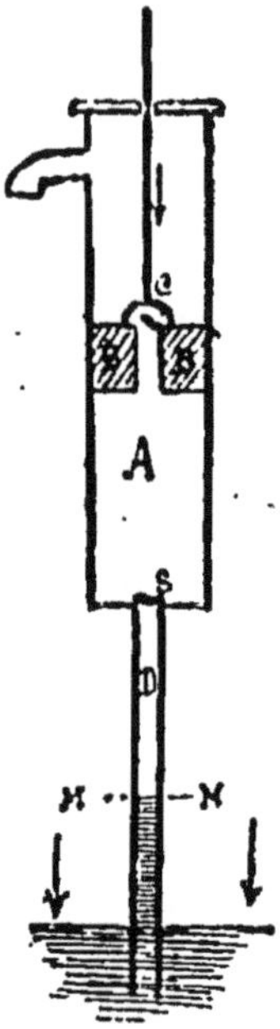

26. — C'est encore ce qui se produit quand l'eau s'élève dans les **pompes** ; un tampon ou piston se meut dans un cylindre en fonte dit corps de pompe, chasse peu à peu l'air grâce à un jeu de soupapes et permet ainsi l'ascension (*fig.* 204) de l'eau comme le fétu de paille. Mais comme la pression atmosphérique n'est capable de maintenir de l'eau dans un tube privé d'air que jusqu'à 10^{m},33 et que, d'autre part, les pompes ne font pas le vide parfait, lorsqu'on voudra élever de l'eau plus haut que 8^{m}, on devra la pousser avec une autre pompe dite pompe *foulante*.

Fig. 204. — Coupe de la pompe aspirante.

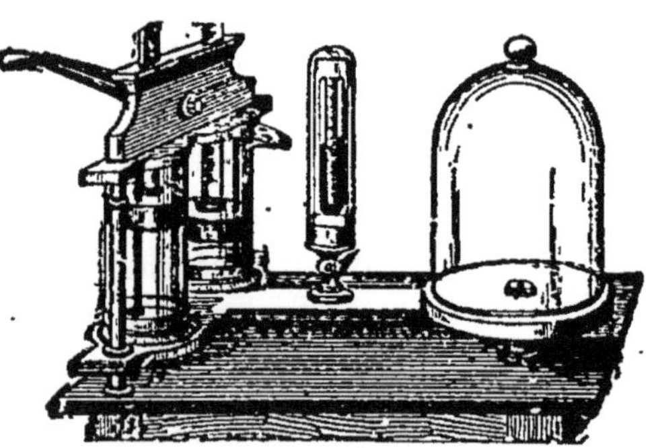

Fig. 205. — Machine pneumatique.

27. — Quand, au lieu d'épuiser l'eau d'un puits pour la chasser ailleurs, on veut retirer l'air d'un espace clos, on se sert également d'une pompe spéciale dont vous avez déjà appris le nom, mais que nous expliquerons plus tard, c'est la *machine pneumatique* (*fig.* 205).

28. — Si, au lieu d'élever un liquide, on veut le faire descendre, on se sert d'un *siphon*. C'est un tube recourbé à deux branches inégales : la plus petite plonge dans le liquide à siphonner, la plus grande est au-dessus du vase qui doit recueillir le liquide (*fig.* 206) ; il suffit d'aspirer l'air du siphon avec la bouche placée à l'extrémité du grand tube pour que le liquide s'engage dans le siphon et continue à s'écouler tant que les deux niveaux seront inégalement élevés.

Fig. 206. — Siphon.

BALLONS

29. — De même que le bouchon plongé dans l'eau s'élevait, en vertu du principe d'Archimède, parce qu'il déplaçait un poids d'eau supérieur à son propre poids, de même un corps plongé dans l'air s'élèvera, si son poids est inférieur à celui de l'air qu'il déplace. Car, comme pour les liquides, *tout corps plongé dans un gaz reçoit une poussée de bas en haut égale au poids du gaz déplacé.*

Si donc, comme les frères Montgolfier, nous faisons avec quelques brindilles d'osier une cage que nous recouvrons de papier, laissant seulement au bas une ouverture libre, et si nous chassons (*fig.* 207) l'air intérieur en le chauffant, nous verrons notre cage s'élever; c'est un ballon ou plutôt une *montgolfière* que nous aurons fabriquée.

Fig. 207. — Montgolfière.

Actuellement on ne chasse pas l'air d'un sac sphérique, on gonfle au contraire un sac avec un gaz plus léger que l'air, l'hydrogène, ou le gaz d'éclairage (*fig.* 208). On peut alors obtenir un gros volume, plus léger que l'air qu'il déplace et qui s'élève emportant avec lui nacelle et aéronautes. Quand le ballon flotte dans l'air, si l'on désire qu'il s'élève plus haut encore, il faut diminuer son poids : on jette alors du sable fin qu'on avait eu soin d'emporter au départ. Si, au contraire, on veut descendre : à l'aide d'une soupape on laisse échapper peu à peu le gaz qui gonflait le ballon, celui-ci diminue de volume, il déplace alors moins d'air et se trouve moins poussé.

Fig. 208. — Gonflement d'un ballon à l'hydrogène.

La direction des ballons n'est pas encore trouvée, cependant deux officiers français, MM. Krebs et Renard, ont déjà obtenu de très bons résultats.

Résumé.

15. — L'air est pesant : 1 litre d'air pèse $1^{gr},293$.

16. — Chaque mètre carré pris à la surface de la terre supporte une pression de 10,000 kilogrammes. Si nous ne sommes pas écrasés sous ce poids, c'est que nous sommes également pressés en tous sens et qu'aucun côté ne cède.

17. — La vessie qui recouvre le manchon de verre placé sur la table de la machine pneumatique cède lorsqu'on retire l'air au-dessous d'elle, parce qu'elle n'est plus soutenue, alors qu'elle supporte le poids de l'atmosphère.

18. — Le **baromètre** mesure la pression atmosphérique. On dit que la pression est de 765^{mm} lorsqu'elle est capable de maintenir une colonne de mercure de 765^{mm} dans un tube privé d'air. La construction du baromètre est fondée sur l'expérience dite du *Tube de Torricelli.*

Un baromètre à eau devrait avoir une hauteur moyenne de $10^{m},33$..

19. — Le baromètre sert à la prévision du temps, parce qu'on a remarqué que lorsque la pression atmosphérique augmentait c'était signe de beau temps; au contraire, lorsqu'elle diminue, elle présage la pluie.

20. — Le baromètre sert aussi à la *mesure des hauteurs,* car on a calculé que 1^{mm} de mercure faisait équilibre à une colonne d'air de $10^{m},50$. Pascal a vérifié qu'au sommet du Puy-de-Dôme la hauteur du mercure dans le tube était moins grande qu'au pied.

21. — C'est la pression de l'air qui fait pénétrer un œuf dur dans une carafe privée d'air par la combustion d'une feuille de papier;

22. — Qui empêche un liquide de s'écouler par un petit trou pratiqué dans un tonneau;

23. — Qui maintient le liquide dans la *pipette ;*

24. — Qui le fait monter dans la *seringue* et le fétu de paille, tous deux privés d'air à l'intérieur;

26. — Qui fait monter l'eau dans les **pompes** lorsqu'un jeu de piston et de soupapes en a chassé l'air.

27. — La **machine pneumatique** est une pompe à air.

28. — Le **siphon** sert à faire écouler un liquide d'un vase élevé vers un autre plus bas.

29. — Les **ballons** sont des corps qui, déplaçant un poids d'air supérieur à leur propre poids, sont rejetés vers le haut de l'atmosphère. Les premiers ballons ou *montgolfières* s'élevaient parce que, par la chaleur, on chassait l'air intérieur. Actuellement, les ballons sont gonflés d'*hydrogène* ou de *gaz d'éclairage,* tous deux plus légers que l'air. Pour que le ballon

s'élève, il faut l'alléger en jetant du lest; pour qu'il descende, on diminue son volume en laissant échapper du gaz qui le gonfle.

Questionnaire. — 1. L'air est-il pesant? — 2. Combien pèse 1 litre d'air? — 3. Quelle pression supportons-nous du fait de l'atmosphère? — 4. Pourquoi ne sommes-nous pas écrasés? — 5. En quoi consiste l'expérience du crève-vessie? — 6. Jusqu'à quelle hauteur environ l'air est-il capable de pousser du mercure dans un tube privé d'air? et de l'eau? — 7. Décrivez un baromètre. — 8. Comment connaît-on la valeur de la pression? — 9. Que signifie cette expression : la pression est 765mm? — 10. A quoi sert le baromètre? — 11. Quelle expérience Pascal a-t-il faite au Puy-de-Dôme? — 12. A quelle hauteur d'air fait équilibre 1mm de mercure? — 13. Faites l'expérience de l'œuf dur dans la carafe. — 14. Pourquoi le vin ne s'écoule-t-il pas par un petit trou percé dans le tonneau? — 15. Qu'est-ce que la pipette? — 16. Pourquoi l'eau monte-t-elle dans la seringue? dans le fétu de paille? dans la pompe? — 17. A quoi sert la machine pneumatique? — 18. Qu'est-ce que le siphon? — 19. Pourquoi s'élève la montgolfière? — 20. Quelle est la disposition de nos ballons actuels? — 21. Que faut-il faire pour s'élever plus haut en ballon? et pour descendre?

CHAPITRE V

CHALEUR

30. Dilatation. — Lorsque nous nous approchons du feu, nous éprouvons une sensation particulière; nous reconnaissons qu'il y fait plus chaud qu'où nous étions d'abord, sans qu'aucun appareil nous ait indiqué que la température s'élevait. La chaleur produit donc sur nous et sur tous les animaux une sensation caractéristique.

Lorsqu'on chauffe une barre de fer, une boule de cuivre, une tige de plomb, etc., tous ces corps inertes augmentent de volume, et on a donné le nom de *dilatation* à cette augmentation de volume des corps sous l'action de la chaleur.

Presque tous les corps solides sont dans ce cas; ils se dilatent quand on vient à les chauffer. Il est vrai que leur dilatation est peu sensible et que nous reconnaîtrons difficilement la différence de longueur d'une règle de fer, avant ou après qu'elle aura été portée sur les charbons ardents du poêle, mais c'est que nous aurons opéré sur une faible masse de fer.

31. — On constate facilement que les métaux sont dilatables en prenant un anneau pouvant laisser passer tout juste une boule de cuivre lorsqu'elle est à la température ordinaire. Mais si l'on vient à la chauffer pendant quelques instants sur les charbons du foyer (*fig.* 209), elle ne pourra plus traverser l'anneau. Si on la laisse refroidir, elle repassera de nouveau.

32. — On constatera plus facilement la dilatation des liquides : si par exemple on prend un petit ballon de verre prolongé par un tube étroit et qu'on verse dedans de l'eau, colorée pour qu'elle soit plus visible

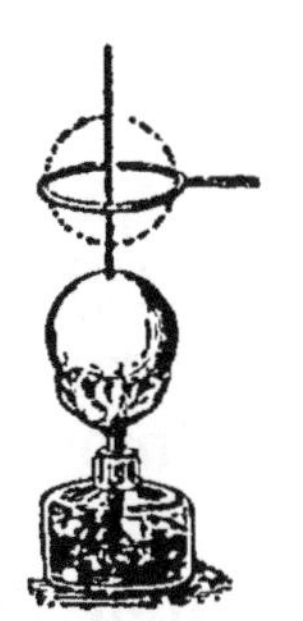

Fig. 209. — La boule ne passe plus lorsqu'elle est chauffée.

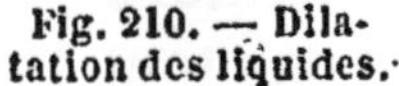

Fig. 210. — Dilatation des liquides.

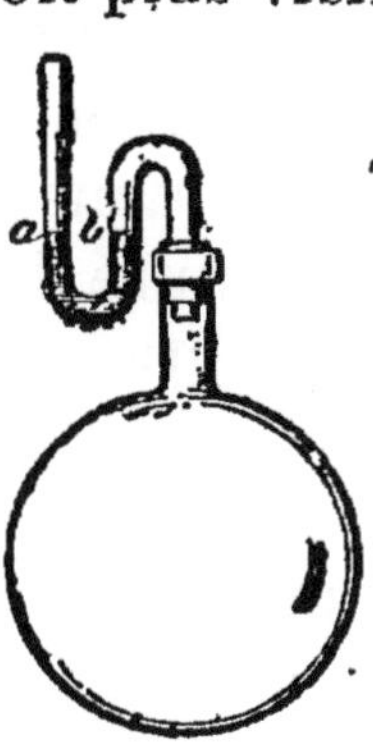

Fig. 211. — Dilatation des gaz.

(*fig.* 210); on verra, après avoir plongé le ballon dans de l'eau chaude, l'eau du tube s'élever peu à peu. Ici la dilatation est bien apparente et l'on dira que les liquides sont plus dilatables que les solides.

33. — Pour les gaz la dilatation est encore plus apparente; prenons un ballon de verre prolongé par un tube deux fois recourbé et plaçons encore de l'eau colorée dans la courbure *ab* (*fig.* 211); nous enfermons ainsi dans le ballon un volume d'air séparé du reste de l'espace par le liquide *ab;* en prenant le ballon seulement dans ses mains, on verra aussitôt le liquide chassé dans la branche *a*. C'est que l'air dilaté par la chaleur de la main a déplacé le liquide pour s'y loger.

Quand, dans les fêtes, on nous demande « d'essayer la force de notre sang » en nous faisant tenir dans la main une boule prolongée par des petits tubes diversement contournés et contenant en partie un liquide coloré en rouge, nous faisons une application de la dilatation des gaz; l'air de la boule chasse d'autant plus loin le liquide rouge que notre main est plus chaude.

34. — Lorsqu'on dit que 1 litre de mercure pèse 13kg,59, on n'emploie pas une expression absolument exacte si l'on ne dit pas en même temps à quelle température la pesée a été faite. En effet, supposons que nous prenions 1 litre de mercure absolument plein à la température de 15 degrés et qu'il pèse 13kg,59. Chauffons ce litre, du mercure va s'échapper, et si maintenant nous pesons de nouveau ce litre encore plein, nous trouverons évidemment un poids inférieur au premier, et d'autant plus inférieur que la température aura été plus élevée. Voilà pourquoi l'on dit qu'un corps est d'autant plus léger qu'il est plus chauffé. Cela n'est pas tout à fait exact ainsi présenté, car une barre de fer est aussi pesante quelle que soit sa température, mais ce qui est vrai c'est que le *même volume n'est pas toujours aussi pesant à toutes les températures : qu'il l'est d'autant plus que sa température est plus basse.*

35. Thermomètre. — Puisqu'une augmentation de chaleur fait augmenter le volume des corps, inversement, quand nous constaterons qu'un corps augmente de volume, nous en conclurons qu'il est plus fortement chauffé, et d'autant plus chauffé que son volume a plus grandi.

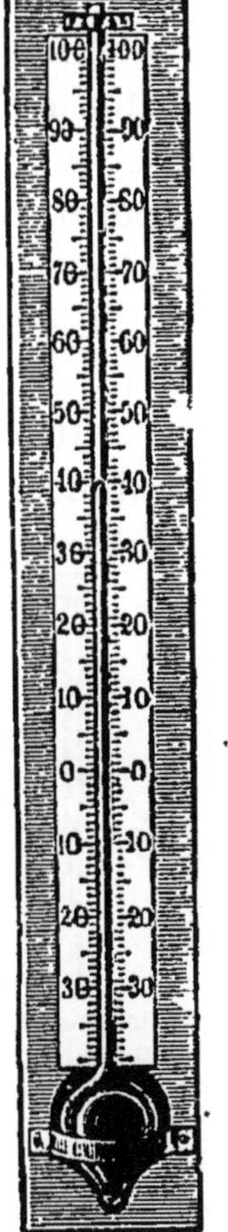
Fig. 212. — Thermomètre.

On appelle *thermomètre* (*fig.* 212) l'appareil qui sert à mesurer la température des milieux dans lesquels on le place.

On n'a pas pris une tige de fer pour en faire un thermomètre parce que les solides se dilatent trop peu et que, pour les variations de température qui nous intéressent, les longueurs de la tige auraient été trop peu différentes. On n'a pu songer à utiliser les gaz, parce qu'ils sont trop dilatables.

On a pris un liquide, une tige de mercure ou d'alcool enfermés dans un tube étroit, parce que les liquides ne sont ni trop ni trop peu dilatables. Le mercure a même été préféré pour la construction des thermomètres de précision, parce que ce liquide est un métal et que, comme tel, il se met vite à la température du milieu dans lequel on le place.

Pour construire un thermomètre à mercure, on prend un tube de verre percé d'un canal capillaire (c'est-à-dire aussi fin qu'un cheveu), prolongé par un réservoir sphérique ou en forme d'olive allongée. On verse du mercure plein la boule et une partie du tube; puis, pour chasser tout l'air contenu dans le tube, on chauffe très fortement le mercure : il se dilate et monte; on fond avec une lampe spéciale le verre un peu au-dessous du niveau du mercure, le tube se bouche et on le laisse refroidir.

36.—Il faut maintenant graduer notre thermomètre. Or on connaît deux températures qui sont toujours les mêmes : celle à laquelle fond la glace et celle à laquelle l'eau bout; ce sont ces deux températures qui nous serviront de repère. On plonge le thermomètre à graduer dans un vase contenant de la glace pilée (*fig.* 213); le mercure descend dans le tube, on grave 0 où il s'arrête. On le plonge ensuite dans de la vapeur d'eau bouillante (*fig.* 213), le mercure monte : où il s'arrête de nouveau, on grave 100. Puis on divise l'intervalle en 100 parties égales en portant même les graduations au-dessous de 0.

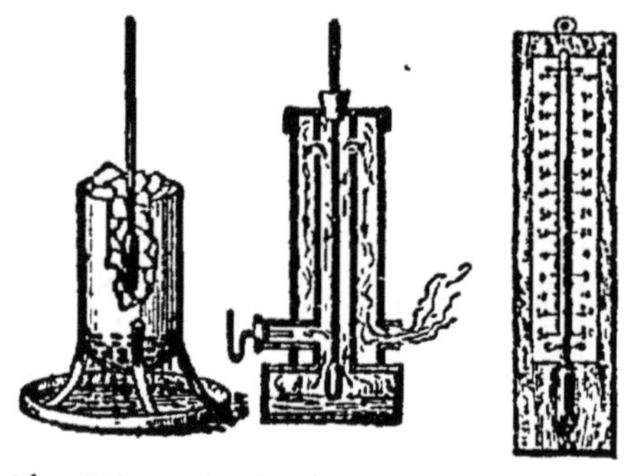

Fig. 213. — Graduation du thermomètre : Vase de glace. — Etuve à eau bouillante. Thermomètre mis sur une planchette.

37. — Les thermomètres à alcool coloré en rouge par de l'orseille ne sont pas tout à fait gradués de la même façon. Quand le canal est rempli d'alcool et que le tube est bouché, comme pour le thermomètre à mercure, on le plonge aussi dans de la glace, et où l'alcool s'arrête on grave 0. Mais il faudrait bien se garder de le plonger dans de l'eau bouillante, car l'alcool bout bien au-dessous de 100 degrés, et dans cette eau très chaude il passerait en vapeur et casserait le tube. Alors on le plonge dans de l'eau légèrement chauffée, en même temps qu'un thermomètre à mercure déjà gradué, et, si le thermomètre à mercure indique 30 degrés, on grave 30 où s'arrête l'alcool dans son tube, on divise ensuite l'intervalle compris entre 0 et 30 en 30 parties égales.

38. — Ce thermomètre est très suffisant pour nos observations courantes, car il peut, sans qu'il y ait crainte de voir le tube se casser, indiquer des températures voisines de 70 degrés; et de plus signaler la température jusqu'à la plus faible qu'on puisse imaginer, car jamais encore on n'a pu congeler de l'alcool.

39. Autres applications de la dilatation. — Les rails de chemins de fer placés à la suite les uns des autres ne se touchent pas : car, lorsque le train passe, le frottement sur les rails est si fort qu'il élève beaucoup leur température et les fait se dilater. S'ils se touchaient, le fer se gondolerait et pourrait provoquer des accidents.

Les feuilles de zinc ou de plomb employées à la couverture des maisons ne sont clouées que par un côté pour qu'elles puissent librement s'allonger ou se raccourcir de tous côtés quand la température s'élève ou s'abaisse.

Le charron fait chauffer son anneau de fer qui entoure la roue, pour qu'après refroidissement (*fig.* 214) les pièces de bois qui la composent soient fortement assemblées.

Fig. 214. — Le charron refroidit son anneau de fer pour serrer les assemblages de la roue.

Fig. 215. — On chauffe légèrement le col d'un flacon pour le déboucher.

On chauffe légèrement le col d'un flacon (*fig.* 215)

pour permettre d'enlever le bouchon de verre qui résiste, etc.

Résumé.

30. — La **Chaleur** produit sur les animaux une sensation particulière; elle *dilate* les corps inorganisés.

31. — Les solides se dilatent peu; les liquides sont plus dilatables, les gaz le sont beaucoup.

34. — Un même volume d'un corps n'a pas le même poids à toutes les températures, il pèse d'autant plus qu'il est plus froid.

35. — Le *thermomètre* sert à mesurer la température. On observe pour cela la longueur d'une tige de mercure: plus elle est longue dans son tube, plus la température est élevée. La température marquée 0 est celle qui correspond à la glace qui fond, la température marquée 100 est celle de l'eau bouillante.

Les rails d'un chemin de fer ne se touchent pas; on ne cloue que d'un côté les feuilles de zinc ou de plomb des toitures, etc.

Questionnaire. — 1. Quel est l'effet de la chaleur sur les corps inorganisés? Sont-ils tous aussi dilatables sous les trois états? — 2. Comment montre-t-on la dilatation chez les solides? les liquides? les gaz? — 3. Un litre d'un corps pèse-t-il autant à toutes les températures? — 4. Qu'est-ce qu'un thermomètre? De quoi se compose-t-il? — 5. Comment est-il gradué? — 6. Comment sont gradués nos petits thermomètres à alcool? — 7. Pourquoi les rails des chemins de fer ne se touchent-ils pas? — 8. Pourquoi les feuilles de zinc de nos toitures ne sont-elles clouées que d'un côté? — 9. Comment fait-on pour déboucher un flacon fermé d'un bouchon de verre qui résiste?

CHAPITRE VI

CHANGEMENT D'ÉTAT DES CORPS

40. Fusion. — Nous avons vu que, lorsqu'on chauffe un solide, il devient liquide. Ce changement d'état sous l'influence d'une élévation de température s'appelle *fusion*.

Il se produit pendant le phénomène de la fusion un fait bien singulier : si dans une terrine de terre on met un gros morceau de cire, et qu'on la chauffe, on pourra constater à l'aide d'un thermomètre que peu à peu la température de la cire s'élève : qu'elle passe de 20 degrés à 30, 40, 60, 68. Alors un peu de cire commence à fondre, puis, à partir de ce moment, le thermomètre marque 68 degrés et le mercure ne monte plus : le foyer chauffe toujours, la cire fond de plus en plus, mais le mercure ne bouge pas ; où donc passe la chaleur du foyer ? On dit qu'elle est employée à *changer la cire d'état* ; pour que ce travail s'effectue : le passage de l'état solide à l'état liquide, il faut donner au corps de la chaleur ; voilà pourquoi la cire cesse de s'échauffer. Puis, quand toute la masse sera fondue, que le travail sera terminé, le thermomètre continuera à accuser des températures croissantes.

Inversement, si nous laissons refroidir cette cire liquide, il arrivera un moment où elle redeviendra solide, nous assisterons au phénomène de la *solidification*.

TEMPÉRATURE DE FUSION DE QUELQUES CORPS.

Fer............	1500°	Soufre.........	110°
Or.............	1200	Cire...........	68
Argent.........	1000	Phosphore	44
Cuivre.........	950	Suif...........	33
Zinc...........	400	Glace..........	0
Plomb.........	320	Mercure.......	— 40

41. Changement de volume qui accompagne la fusion ou la solidification. — Il résulte des expériences précédentes que tout corps qu'on refroidit diminue de volume, il en sera de même par conséquent pour tout corps qui passera de l'état liquide à l'état solide, puisque, pour que cette modification ait lieu, il faut une diminution de température; et si le volume diminue, c'est que les molécules se resserrent, par conséquent la densité augmente; telle est la loi générale.

42. Maximum de densité de l'eau. — L'eau présente une exception à cette règle; *quand on prend de l'eau à la température de 4 degrés et qu'on la refroidit, son volume augmente* comme si on la chauffait. Mais il n'y a qu'au-dessous de cette température, 4 degrés, que cette exception se produit; prise à toute autre température supérieure, l'eau diminue de volume quand on la refroidit.

C'est donc à la température de 4 degrés que l'eau occupe le volume le plus faible, que ses molécules tiennent dans le plus petit espace, qu'elle est le plus compacte; c'est à cette température qu'elle possède *son maximum de densité*, le plus grand poids sous le même volume.

Puisque la glace est plus légère que l'eau, elle surnage sur celle-ci. Il est heureux qu'il en soit ainsi, car si l'eau des rivières ou des lacs augmentait de poids par la solidification, la glace, aussitôt formée, irait au fond du lac, et l'eau de la surface en contact avec l'air froid se congèlerait à son tour, puis descendrait; de sorte qu'à la suite d'un froid un peu prolongé, toutes les masses d'eau seraient congelées en totalité, d'où l'impossibilité de l'existence des animaux aquatiques. Tandis que, en réalité, dans les rivières un peu profondes et les lacs, les régions voisines du fond descendent rarement à une température inférieure à 4 degrés.

Mais (toute médaille a son revers) l'eau augmente de volume en se solidifiant: et c'est ce qui explique *les effets désastreux de la gelée sur les plantes.* Les liquides contenus dans les petits tubes de la plante se congèlent et en brisent les tissus, qui se décomposent ensuite. Cependant plusieurs causes retardent leur congélation : d'abord la sève n'est pas de l'eau pure, c'est une dissolution saline, et ces liquides gèlent à une température plus basse; elle n'est pas en contact immédiat avec l'air; elle est renfermée dans des tubes capillaires, et est presque immobile en hiver, toutes causes qui retardent sa solidification.

Certaines pierres poreuses dites *pierres gélives*, employées à tort dans des constructions, absorbent l'eau de l'atmosphère qui, en se congelant, désagrège la pierre et la fait tomber en poudre par sa surface.

Cette *force d'expansion* de la glace est considérable; elle est telle que le physicien Hall a pu, en Norwège, faire éclater des canons de pistolet et des bombes en les exposant pleins d'eau à un froid assez prolongé. Telle est la cause du bris des vases pleins d'eau exposés aux froids de l'hiver, de la rupture des conduites d'eau, des pompes, etc.

43. Vaporisation. Évaporation. — Nous venons de voir qu'en chauffant un corps solide il devient liquide. Si nous continuons à chauffer le liquide, de l'eau par exemple, nous verrons apparaître au-dessus d'elle un abondant brouillard, c'est de la vapeur d'eau. Le liquide vient de changer de nouveau d'état; de liquide il devient gaz : car la vapeur est un véritable gaz; et ce phénomène est la *vaporisation*. En même temps que la vaporisation se produit, on remarque dans l'eau un bouillonnement plus ou moins tumultueux, on dit que l'eau bout ou est en *ébullition;* c'est-à-dire que se forment des bulles de vapeur dans l'eau chauffée (*fig.* 216).

44. — De l'eau peut disparaître à l'état de vapeur dans l'air sans qu'on la voie s'échapper en brouillard, sans que l'ébullition se produise. Si par exemple vous mettez de l'eau dans une soucoupe, il vous arrivera de n'en plus trouver quelques heures après, si c'est en été, le lendemain si c'est en hiver; on dit alors que l'eau s'est *évaporée*.

Fig. 216. — Ébullition.

Mais dans les deux cas : que l'eau disparaisse par vaporisation ou par évaporation, il faut que le liquide, pour changer d'état, emprunte de la chaleur au foyer dans la vaporisation, aux corps environnants dans l'évaporation. C'est pourquoi l'on dit que l'*évaporation produit du froid*. Le froid sera d'autant plus sensible que l'évaporation aura été plus rapide que le corps qui s'évapore a plus de tendance à changer d'état, qu'il est plus *volatil* : ainsi l'alcool, l'éther; alors une goutte de ces liquides versée sur la main y produira une sensation de froid. Pour une cause semblable, il est dangereux de s'exposer à un courant d'air étant en sueur : car un courant d'air active l'évaporation, la sueur s'évaporant rapidement cause du froid et provoque les maladies provenant du passage rapide du chaud au froid.

45. Vapeur. — La vapeur, avons-nous dit, est un gaz. Comme les gaz, elle tend toujours à occuper plus de place qu'on ne lui en donne, elle veut toujours pousser les parois qui l'enferment, et sa force est d'autant plus grande qu'elle est plus fortement chauffée.

Si dans une marmite nous mettons de l'eau et que nous la fermions d'une façon absolue, nous pourrons, en chauffant suffisamment l'eau, faire éclater la marmite (*fig.* 217), tellement est grande la force de la vapeur. Quand nous entendons parler d'explosion de machine à vapeur, c'est que la chaudière qui contenait l'eau a été trop chauffée, que la vapeur a pris une force plus considérable que n'étaient capables de supporter les parois, et qu'elles ont éclaté.

Fig. 217. — La marmite éclate si l'eau qu'elle contient est fortement chauffée et si la marmite est solidement bouchée.

On a pu maîtriser cette force puissante et l'utiliser pour faire fonctionner la locomotive qui tire les wagons, faire tourner l'hélice des bateaux, les meules des moulins à vapeur, faire relever le marteau-pilon, etc.

46. — Cette vapeur qui s'est échappée de l'eau qui bouillait tout à l'heure, nous pouvons la rattrapper, en partie tout au moins; elle est allée dans l'air et se trouve invisible; mais montons de la cave une carafe d'eau bien fraîche, et immédiatement nous apercevrons de nombreuses gouttelettes perler sur la surface de la carafe. D'où vient donc cette eau? C'est la vapeur d'eau que contenait l'atmosphère qui vient de repasser liquide : car si en chauffant l'eau elle devient vapeur, en refroidissant la vapeur elle redevient eau, elle se *condense*, dira-t-on. La carafe froide a refroidi l'air qui la touchait ainsi que la vapeur que contenait cet air : celle-ci s'est alors condensée.

47. Distillation. — Mettons dans une petite casserole

de l'eau très salée et chauffons-la; de la vapeur va se former, nous l'avions prévu; recevons ces vapeurs sur une vitre froide (*fig.* 218), elles vont se condenser, redevenir liquides, nous le savions aussi. Goûtons maintenant cette eau, elle est fade, et pas du tout salée. Ainsi, dans la bouillote nous avons de l'eau très salée, sur la plaque de verre, nous avons de l'eau absolument pure; eh bien, nous venons de distiller de l'eau. Le sel n'étant pas capable de passer à l'état de vapeur va rester dans la casserole alors que toute l'eau va s'échapper. C'est toujours ainsi qu'on procède pour distiller un liquide impur, contenant en dissolution des corps étrangers : on chauffe le liquide dans un vase, on recueille les vapeurs qui s'en échappent dans un autre qu'on maintient froid, elles s'y condensent et l'on recueille le liquide qui en résulte.

Fig. 218. — L'eau se condense pure sur le verre froid.

48. Conductibilité de la chaleur. — Si nous plongeons dans le feu l'extrémité de notre règle en fer il arrivera certainement un moment où nous ne pourrons plus la tenir par l'autre bout, tellement elle sera

Fig. 219. — Le fer brûle la main.

Fig. 220. — Le charbon ne brûle pas la main.

chaude (*fig.* 219). Alors la chaleur développée à l'un des bouts n'y est pas restée, elle s'est répandue dans toute la masse du fer et assez rapidement; le fer l'a

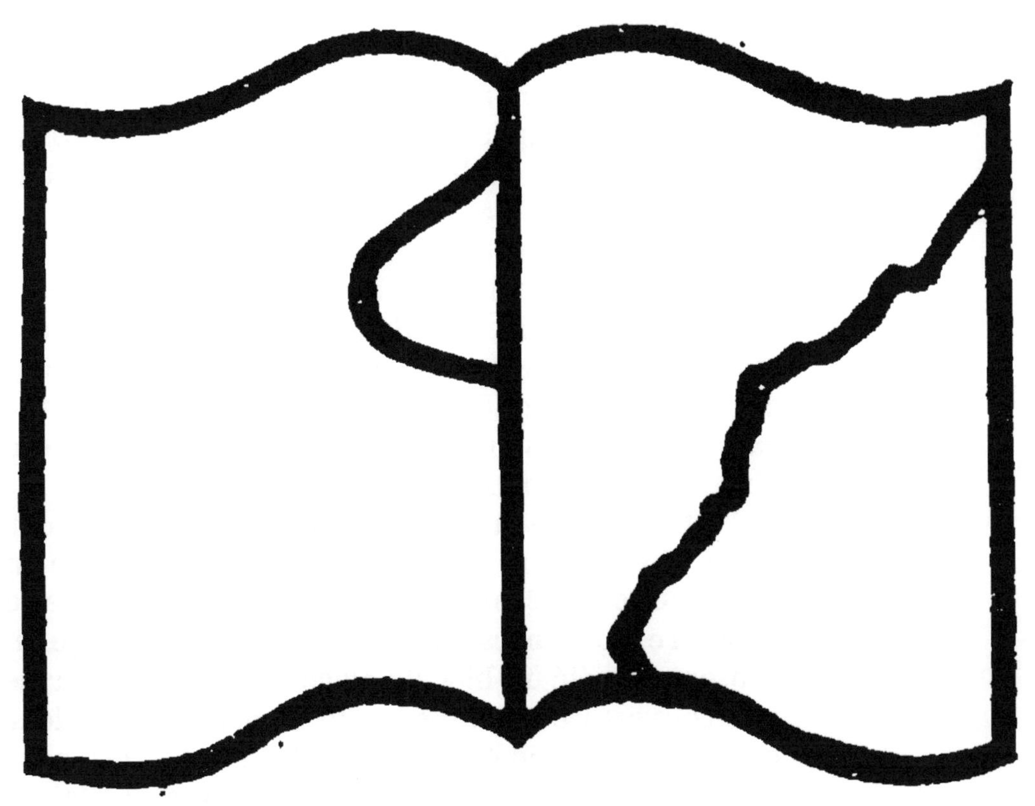

bien conduite, on dit que le *fer est un bon conducteur* de la chaleur.

Mais tenons à la main un petit morceau de charbon de bois et enflammons l'autre extrémité (*fig.* 220) : nous pouvons le tenir sans ressentir de brûlure. Le charbon de bois a gardé la chaleur à l'endroit seul où elle était développée, il ne l'a pas conduite ailleurs, *il est un mauvais conducteur* de la chaleur.

Les métaux sont de bons conducteurs de la chaleur; le verre, la poterie, le bois sont médiocres conducteurs; la soie, le coton, la laine sont de mauvais conducteurs. Les liquides, sauf le mercure, sont mauvais conducteurs de la chaleur; les gaz sont encore plus mauvais conducteurs.

C'est parce que la laine est un mauvais conducteur de la chaleur que nous nous couvrons de laine en hiver : elle empêche la chaleur de notre corps de se répandre au dehors. C'est encore pour cela qu'on conserve en été un bloc de glace en l'enroulant dans une couverture de laine : elle empêche la chaleur extérieure de pénétrer jusqu'à la glace. C'est pour la même raison que l'Arabe se couvre de laine, afin d'isoler son corps de l'air embrasé qui l'environne.

Tous les objets qui se trouvent dans la classe y sont à la même température, et cependant, si nous plaçons notre main sur la ferrure de la table, nous ressentirons une impression de froid plus grande qu'en mettant la main sur le bois de la table. C'est que le fer, bon conducteur, a pris à notre main une quantité de chaleur suffisante pour s'échauffer dans toute sa masse, tandis que le bois, plus mauvais conducteur, a gardé à l'endroit où nous avons placé notre main la chaleur que nous lui communiquions

49. Chaleur lumineuse. Chaleur obscure. — Certains corps, le verre surtout, se laissent facilement traverser par la chaleur accompagnée de lumière, la *chaleur lumineuse*, et se laissent difficilement traverser par la chaleur que n'accompagne pas la lumière, la *lumière obscure*.

Ainsi le soleil, qui émet à la fois de la lumière et de la chaleur, qui envoie par conséquent de la chaleur lumineuse, nous échauffera autant lorsque nous serons placés derrière un vitrage qu'il éclaire que si nous étions devant. Mais si nous mettons entre un poêle de faïence très chaud et notre visage une plaque de verre, nous ne sentirons aucune chaleur sur notre joue ; c'est que, dans ce cas, la chaleur développée par le poêle est obscure, et que celle-ci ne traverse pas le verre.

50. — Les jardiniers utilisent cette propriété du verre, pour accumuler de la chaleur sous la *cloche*, dans leurs *couches à châssis*, dans les *serres*.

Au printemps, les jardiniers recouvrent d'une cloche de verre les semis dont ils veulent activer la végétation. La chaleur solaire traverse le verre puisqu'elle est lumineuse, elle échauffe la terre, devient chaleur obscure et alors sort difficilement. On entretient de la sorte, sous la cloche, une chaleur considérable qui, jointe à l'eau dont on a soin d'imprégner le sol, constitue une atmosphère très propice à la végétation. Il en est de même pour la *couche* recouverte d'un châssis de verre ; et de la *serre* qu'on cesse de chauffer au printemps, et qui conserve la nuit une partie de la chaleur qui y pénètre dans le jour.

Résumé.

39. — Quand on chauffe un solide, il *fond,* et le liquide qui provient de la fusion a un volume plus grand que le solide. Si un liquide vient à se solidifier par refroidissement, son volume diminue; sauf pour l'eau qui a un plus grand volume quand elle devient glace. La glace est plus légère qne l'eau. C'est à la température de 4 degrés qu'un même volume d'eau pèse le plus.

43. — Un liquide qu'on chauffe disparaît en vapeur; une vapeur qu'on refroidit redevient liquide.

45. — La force de la vapeur est très grande, surtout si on la chauffe; c'est elle qui fait marcher les locomotives et les bateaux à vapeur.

47. — Quand un liquide tient des impuretés en dissolution, qu'on le fait évaporer et qu'on recueille les vapeurs dans un appareil refroidi, elles redeviennent liquides et le liquide est pur, *distillé.*

48. — Un corps *bon conducteur* de la chaleur la laisse répartir dans toute sa masse : les métaux; un *mauvais conducteur* de la chaleur la garde à l'endroit même où elle a été développée : le charbon de bois, les liquides, les gaz.

49. — La chaleur est dite *lumineuse* quand elle est accompagnée de lumière : la chaleur du soleil; elle est *obscure* quand la lumière ne l'accompagne pas : celle du poêle non rougi. Le verre se laisse facilement traverser par la chaleur lumineuse, il s'oppose au passage de la chaleur obscure.

50. — Le jardinier utilise cette propriété dans la *cloche de verre* dont il recouvre ses semis au printemps, dans la *couche* et dans la *serre.*

Questionnaire. — 1. Que deviennent de la cire et d'autres solides qu'on chauffe plus ou moins fortement? — 2. Que devient un liquide qu'on refroidit? — 3. A quelle température un litre d'eau pèse-t-il le plus? — 4. La glace est-elle plus légère que l'eau? — 5. Est-ce heureux? — 6. Malheureux effets de la gelée? — 7. Qu'entendez-vous par évaporation et par vaporisation? — 8. Que faut-il fournir à un liquide pour qu'il passe en vapeur? — 9. Exemple de la force de la vapeur? — 10. D'où vient l'eau qui se dépose sur la carafe froide? — 11. Comment distille-t-on de l'eau impure? — 12. Qu'est-ce qu'un corps bon conducteur, mauvais conducteur de la chaleur? — 13. Qu'entendez-vous par chaleur lumineuse, chaleur obscure? — 14. Comment le verre se conduit-il vis à vis de l'une et de l'autre? — Comment le jardinier utilise-t-il cette propriété du verre?

CHAPITRE VII

MÉTÉOROLOGIE

51. — La *Météorologie* est l'étude des phénomènes qui se passent dans l'atmosphère : la rosée, la pluie, le vent, les orages, etc.

52. Rosée. — Lorsque les corps qui sont à la surface du sol ont cessé de recevoir la chaleur du soleil, ils se refroidissent, la nuit, en renvoyant leur chaleur à travers l'atmosphère. Le refroidissement qu'ils en éprouvent se communique aux couches d'air environnantes ; et, comme l'air contient toujours de la vapeur d'eau, celle-ci refroidie se dépose en fines gouttelettes sur le sol et sur les plantes qui le recouvrent, pour constituer ce qu'on nomme la *rosée*.

C'est par les nuits calmes du printemps et de l'automne que le dépôt de rosée est le plus abondant, alors que le soleil a échauffé un peu fortement la terre et les eaux, qu'il en a fait dégager d'abondantes vapeurs, et que les nuits sont relativement très fraîches.

53. Gelée blanche. — Lorsque la température s'abaisse, la nuit, au-dessous de 0 degré, la vapeur qui s'est déposée d'abord en rosée se congèle et produit sur le sol une nappe blanche connue sous le nom de *gelée blanche*. Ce phénomène peut causer, lorsqu'il se produit dans les mois d'avril et de mai, de véritables désastres, puisqu'il gèle et fait roussir les jeunes pousses qui commencent à sortir.

Un préjugé populaire attribue ces désastres à l'influence de la lune, et l'on appelle *lune rousse* celle qui commence en avril et pendant laquelle la gelée se produit d'ordinaire. C'est un des nombreux méfaits qu'on lui attribue bien à tort, la lune n'y est pour rien. Mais ce qui est vrai, c'est que, lorsque la lune se montre, c'est que le temps est clair et qu'alors le rayonnement de la chaleur de la terre est plus abondant et l'abaissement de la température plus grand.

Il suffirait, pour préserver les plantes de ces accidents d'empêcher leur rayonnement en les recouvrant seulement d'un léger voile ou d'un paillasson; ou de faire, comme dans certains vignobles, des nuages artificiels, obtenus en brûlant des matières résineuses. Ces nuages factices, voisins de la plante, empêchent son refroidissement en s'opposant à la déperdition de sa propre chaleur.

54. Brouillards. Nuages. — Les brouillards et les nuages sont une seule et même chose; tous deux sont formés par de la vapeur d'eau condensée. Quand la vapeur reste près du sol, elle forme les brouillards; quand elle se forme dans les régions élevées, elle constitue les nuages.

Les brouillards sont très fréquents sur les bords des rivières et dans les endroits marécageux; ils entretiennent dans l'air une humidité très préjudiciable à la santé.

55. Pluie. Neige. — Lorsque les gouttelettes d'eau des nuages viennent à se réunir, par suite d'un abaissement de température dans les hautes régions, elles prennent un poids tel qu'elles ne peuvent plus flotter dans l'air, elles tombent alors et forment la *pluie*.

56. — La *neige* est due à la congélation de la vapeur d'eau des nuages, quand la température des hautes régions descend au-dessous de 0 degré. La vapeur d'eau se prend alors en flocons de formes très variées, qu'on peut facilement observer en les recevant sur une lame de fer très froide et enduite de noir de fumée. La neige protège la terre et les plantes qu'elle recouvre contre le refroidissement ; en outre elle dissout en tombant une certaine quantité de principes nutritifs, qu'elle abandonne au sol ; sa présence sur les végétaux en hiver est donc très appréciée du cultivateur.

57. Des vents. — Les vents sont des déplacements d'air plus ou moins rapides qui s'effectuent dans l'atmosphère. Ils sont produits par des différences de température entre deux lieux voisins. Sur la terre, ils soufflent toujours d'une région froide vers une région plus chaude.

Sur le bord de la mer, par des temps calmes, on sent toujours souffler une brise, qui, régulièrement, change deux fois de direction pendant une journée de vingt-quatre heures. Dans le jour, la brise vient de la mer, elle constitue la *brise de mer*, et souffle le plus fort vers deux heures de l'après-midi. La nuit, le vent vient de la terre vers la mer et prend le nom de *brise de terre*.

Résumé.

51. — La *Météorologie* est l'étude des phénomènes qui se produisent dans l'atmosphère.

52. — La *rosée* est produite par le dépôt de la vapeur d'eau de l'atmosphère lorsque, la nuit, les plantes se refroidissent. Elle est plus abondante au printemps et à l'automne.

53. — Lorsque la température descend au-dessous de 0 degré, la rosée se gèle et forme la *gelée blanche*, meurtrière pour les jeunes pousses en avril ou mai.

54. — Les *brouillards* et les *nuages* sont produits par la condensation de la vapeur d'eau de l'atmosphère.

55. — Lorsque la température des hautes régions s'abaisse, les gouttelettes des nuages se réunissent et tombent

en *pluie*. Si l'abaissement de la température est plus grand, la vapeur se congèle et forme la *neige* étoilée.

57. — Les *vents* sont des déplacements plus ou moins rapides de l'air; ils sont causés par des différences de température pouvant se produire entre deux lieux voisins. Ils soufflent toujours d'une région froide vers une région plus chaude.

Questionnaire. — 1. Qu'est-ce que la Météorologie? — 2. Qu'est-ce qui produit la rosée? — 3. A quelle époque de l'année est-elle le plus abondante? — 4. Par quoi est produite la gelée blanche? — 5. Quels désastres peut-elle causer? à quelle époque? — 5. La lune a-t-elle une action sur la gelée? — 7. Comment peut-on préserver les plantes de la gelée blanche? — 8. Comment sont formés les brouillards et les nuages? — 9. Qu'est-ce que la pluie? la neige? — 10. La présence de la neige sur la terre est-elle salutaire? — 11. Quelle cause produit les vents? — 12. Quelle est leur direction constante?

CHAPITRE VIII

LA LUMIÈRE

58. — Si nous voyons clair le soir dans notre chambre quand la lampe est allumée, c'est parce que notre lampe envoie en tous sens une infinité de rayons lumineux (*fig.* 221); les uns arrivent directement dans nos yeux et nous font voir la lampe, les autres tombent sur notre livre qui nous les renvoie dans l'œil et nous font voir notre livre.

Fig. 221. — La lampe émet une infinité de rayons lumineux.

Alors les corps peuvent être lumineux de deux façons : ou bien comme la flamme de la lampe, parce qu'elle *émet* des rayons lumineux, ou bien comme notre livre, qui ne fait que *renvoyer* les rayons qu'il a reçus de la lampe.

La lampe puissante qui nous fait voir tous les objets dans le jour, c'est le *soleil :* de lui nous vient la lumière en même temps que la chaleur. C'est parce que des rayons du soleil sont tombés sur le tableau noir de la classe, que celui-ci les a renvoyés et que mon œil les a reçus, que je vois la figure tracée sur le tableau. Même quand le temps est couvert et que nous n'apercevons pas le soleil, il nous éclaire cependant, sa lumière est moins vive, atténuée qu'elle est par les nuages, mais c'est lui encore la source lumineuse.

59. — Un rayon de lumière va toujours en *ligne droite*, il ne fait pas de zigzags. Il est facile de le constater en fermant les volets de votre chambre alors qu'ils sont bien éclairés au dehors (*fig.* 222) : la lumière du soleil trouvera bien quelque trou pour passer au travers du volet et nous la verrons éclairer l'infinité des poussières de l'air suivant une ligne tout à fait droite.

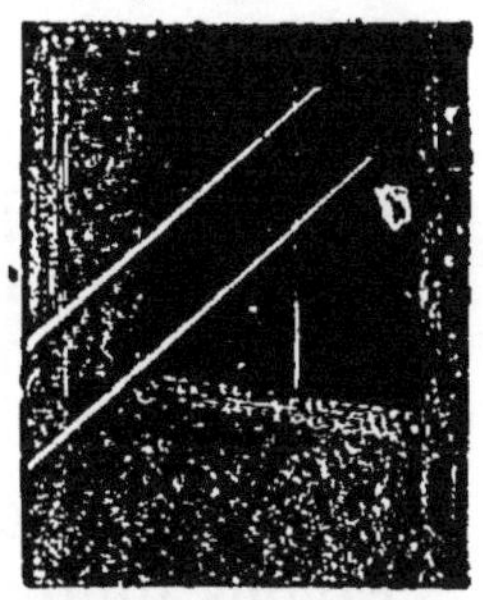

Fig. 222. — La lumière se propage en ligne droite.

La lumière va droit et vite : la rapidité de sa course est considérable : elle parcourt 80,000 lieues en 1 seconde. Elle ne mettrait qu'une seconde pour faire 8 fois le tour de la Terre ; elle met environ 8 minutes pour nous venir du Soleil : Sa vitesse est telle que que nous pouvons dire, pour toutes nos observations terrestres, qu'elle se propage instantanément, c'est-à-dire que le marin apercevra les feux d'un phare au moment même où il aura été allumé, quelle que soit sa distance.

60. Réflexion de la lumière. — La lumière va en ligne droite, c'est vrai, si on ne la dérange pas;

mais, si on l'arrête, elle change de direction. Lorsqu'un rayon lumineux (*fig.* 224) rencontre une surface polie qu'il ne peut traverser, une glace par exemple, il se brise et se trouve renvoyé, *réfléchi*. Il vous est bien arrivé quelquefois d'envoyer, même en classe, le soleil dans l'œil d'un de vos camarades, en plaçant en pleine lumière un morceau de miroir et en le dirigeant de telle sorte que les rayons du soleil tombés sur la glace soient renvoyés sur votre camarade : vous avez fait ainsi réfléchir les rayons solaires.

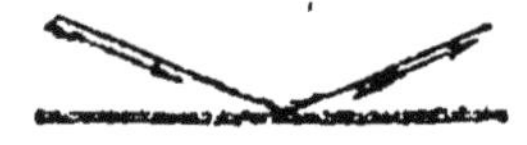

Fig. 223. — Rayon rencontrant une surface polie et se réfléchissant.

Cette réflexion des rayons fait que nous voyons deux fois les objets placés devant un miroir : une fois en réalité, parce que notre œil reçoit directement les rayons partis de l'objet; une seconde fois en *image* (*fig.* 224), parce que notre œil reçoit des rayons lumineux qui, après avoir rencontré le miroir, sont réfléchis par lui et reçus dans notre œil.

Fig. 224. — Vous voyez deux fois votre camarade.

L'image d'un objet ou de nous-même placés devant une glace est une reproduction exacte de l'objet; elle semble située en arrière de la glace, à la même distance que l'objet lui-même est placé en avant; mais elle n'existe pas réellement : car, si nous voulions l'aller chercher dans l'armoire à glace, nous ne la trouverions certainement pas.

Fig. 225. — Images dans les miroirs courbes.

61. — Certains miroirs ne nous reproduisent pas tels que nous sommes réellement : ainsi les miroirs creux ou *concaves* (*fig.* 225) nous font paraître plus gros, lorsque nous nous plaçons tout près du miroir. D'autres, les miroirs bombés ou *convexes*, nous font paraître plus petits.

62. **Réfraction de la lumière.** — Ce n'est pas seulement lorsque la lumière rencontre un obstacle qu'elle ne continue pas sa marche en ligne droite, elle change encore de direction lorsqu'elle passe d'un milieu transparent dans un autre de nature différente. Cette fois la lumière n'est pas renvoyée du même côté comme tout à l'heure par le miroir; elle continue sa marche, mais en se déviant plus ou moins de sa direction primitive. Ainsi, un rayon de lumière passant à travers le trou du volet de la chambre rendue obscure en fermant toutes les ouvertures, et arrivant sur une cuve en verre pleine d'eau, se brisera en arrivant à l'eau et suivra la direction ABC (*fig.* 226).

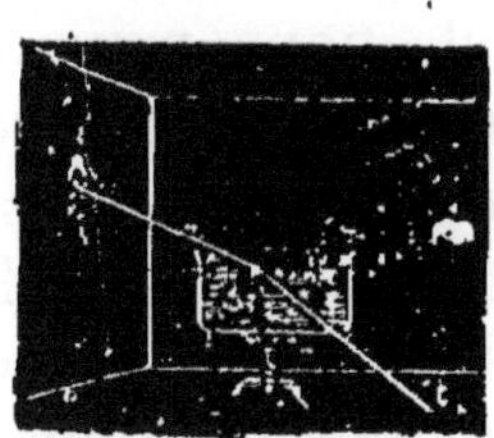

Fig. 226. — Réfraction d'un rayon lumineux.

Fig. 227. — Le bâton plongé dans l'eau paraît brisé.

Cette déviation que subit la lumière en changeant de milieu est la *réfraction*. Elle est cause de nombreuses illusions. C'est elle qui nous fait paraître brisé un bâton plongé obliquement dans l'eau (*fig.* 227).

63. — C'est la réfraction qui nous fait croire qu'un poisson est plus près à la surface qu'il ne l'est en réalité; qu'un vase contenant de l'eau est moins pro-

fond qu'il ne l'est, etc. Dans tous ces cas, l'œil ne reçoit, qu'après qu'ils ont été déviés, les rayons partis de chacun de ces points; alors il croit les voir sur le prolongement du rayon reçu, quand ce n'est pas exact.

64. — Dans une masse de verre appelée *lentille*, à cause de sa ressemblance avec les lentilles que nous mangeons, les rayons lumineux qui la traversent sont déviés de telle sorte qu'après leurs réfractions ils se réunissent tous vers un même point qu'on appelle *foyer* (*fig.* 228). Si

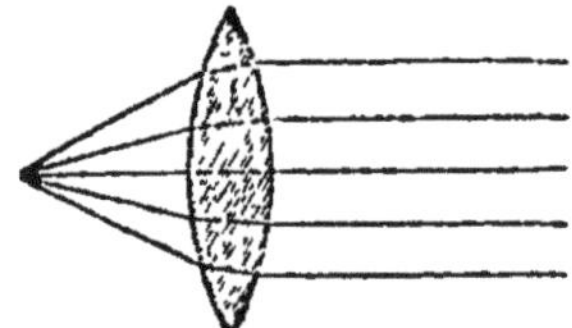

Fig. 228. — Les rayons se réunissent en un même point.

Fig. 229. — Le papier s'enflamme lorsqu'il est placé au foyer de la lentille éclairée par le soleil.

nous présentons au soleil une lentille, que nous appelons encore verre grossissant, nous pourrons enflammer de l'autre côté un morceau de papier placé à distance convenable : quand nous faisons cela (*fig.* 229), nous profitons de la réfraction que la lentille fait subir aux rayons du soleil et nous cherchons le foyer pour y placer le papier, nous utilisons ici la chaleur concentrée au foyer en même temps que la lumière.

Fig. 230. — La loupe fait voir plus gros les objets qu'on regarde à travers elle.

65. — C'est encore la réfraction qui nous fait

paraître plus grosses les lettres de notre livre, lorsque nous les regardons à travers notre lentille. Quand elle sert à grossir, on l'appelle *loupe* (*fig.* 230).

66. Composition de la lumière blanche. — Quand on laisse arriver la lumière du soleil sur une masse de verre taillée à facettes, un prisme par exemple, on trouve, de l'autre côté du verre, en y plaçant une feuille de papier, de nombreuses taches colorées d'une infinité de couleurs, parmi lesquelles on distingue, dans l'ordre suivant : *rouge*, *orangé*, *jaune*, *vert*, *bleu*, *indigo*, *violet*. On dit, pour expliquer cela, que la lumière blanche est une lumière composée de cette infinité de couleurs sorties du verre, et que le prisme l'a décomposée.

Le même phénomène se produit quand la lumière du soleil traverse des gouttelettes d'eau : elle se trouve décomposée et forme les magnifiques *arcs-en-ciel* que nous remarquons, lorsque le soleil se montre en même temps que tombe la pluie ; ou les arcs que nous apercevons lorsque le soleil éclaire un jet d'eau très divisé.

Résumé.

58. — La **lumière** nous fait voir les objets, soit parce qu'ils sont *lumineux par eux-mêmes*, soit parce qu'ils nous *renvoient* la lumière qu'ils ont reçue.

59. — La lumière se propage en *ligne droite*, et elle parcourt 80,000 lieues par seconde.

60. — Quand la lumière rencontre une surface polie, elle est *réfléchie*. C'est cette réflexion qui cause la formation des images. Dans une glace ordinaire les images sont de même grandeur que les objets; dans un miroir concave elles sont généralement plus grandes que les objets; dans un miroir convexe elles sont toujours plus petites.

62. — Quand la lumière change de milieu, elle change de direction, elle se *réfracte*. Nous croyons qu'un bâton plongé dans l'eau est brisé.

64. — Les *lentilles* réunissent vers un même point, appelé **foyer**, les rayons lumineux qui arrivent sur elles. Elles font

paraître plus gros les objets qu'on regarde à travers leur épaisseur.

66. — Quand un rayon de lumière du soleil traverse un prisme de verre, il sort coloré des sept principales couleurs : *rouge, orangé, jaune, vert, bleu, indigo, violet.* On dit que la lumière blanche est composée de ces sept principales couleurs qu'on remarque dans l'*arc-en-ciel.*

Questionnaire. — 1. Pourquoi voyez-vous la lampe allumée, le soir? — 2. Pourquoi voyez-vous votre livre? — 3. Comment la lumière se propage-t-elle? — 4. Comment le vérifie-t-on? — 5. Quelle est la vitesse de la lumière? — 6. Que fait un rayon de lumière quand il rencontre une surface polie? — 7. La réflexion de la lumière nous produit quelle illusion? — 8. Comment voit-on l'image d'un objet dans une glace? et dans un miroir concave? et dans un miroir convexe? — 9. Que devient un rayon lumineux qui change de milieu? — 10. Comment s'appelle la déviation produite? — 11. Elle nous cause quelles illusions? — 12. Que deviennent des rayons qui traversent une lentille? — 13. Que voit-on dans une loupe? — 14. Quand un rayon de lumière du soleil traverse un prisme, comment sort-il? — 15. Quelles sont les principales couleurs que l'on distingue? — 16. N'y a-t-il qu'un prisme qui décompose la lumière blanche? — 17. Quel phénomène naturel est produit par cette décomposition?

CHAPITRE IX

LE SON

67. — Si nous frappons légèrement sur un verre à pied tenu par son pied (*fig.* 231), ou si nous éloignons de sa position horizontale une corde à violon tendue (*fig.* 232), puis que nous la lâchions, nous entendrions un *son*.

Ce son a été produit par

Fig. 231. — Vibrations de la paroi du verre.

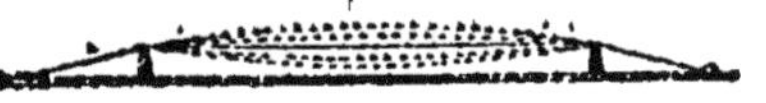

Fig. 232. — Vibrations d'une corde.

les déplacements rapides, les *vibrations* des parois du verre ou de la corde.

Les parois du verre se sont déplacées, le verre a augmenté, puis a diminué de volume. Il est facile de le vérifier : approchons du verre, pendant qu'il ré. sonne, une petite balle de sureau suspendue à un fil et nous verrons la balle vivement repoussée dès qu'elle aura touché la paroi du verre; qui donc l'a repoussée? si ce n'est le verre lui-même en se déplaçant.

Il en sera ainsi toutes les fois qu'un son sera produit; c'est que quelque chose se sera déplacé, aura vibré, très rapidement.

68. — Il ne suffit pas qu'un corps vibre pour que nous entendions un son, il faut que notre oreille soit prévenue, que les vibrations viennent jusqu'à elle. Qui donc les lui amène? Lorsqu'une cloche sonne au loin, les parois de la cloche, se déplaçant pour produire le son, déplacent l'air qui les touche, qui déplace la couche d'air voisine, qui déplace la voisine, etc.; de proche en proche l'air est ébranlé, jusqu'à celui qui pénètre dans le trou de notre oreille: voilà comment arrivent jusqu'à nous les vibrations des cloches et des autres corps sonores.

Mais le son ne sera pas perçu infiniment loin, car la deuxième couche d'air ne se déplace pas autant que la première, l'air étant élastique, la troisième pas autant que la deuxième, etc., de sorte que l'intensité du son s'affaiblit avec la distance pour devenir nulle à une certaine distance. Mais il ira d'autant plus loin que le son aura été plus intense, que les vibrations auront été plus grandes.

Il est absolument nécessaire qu'il y ait quelque chose, air, eau, solide, entre le corps qui vibre et notre oreille pour que nous entendions les sons, car nous verrons plus tard qu'à travers le vide le son ne se propage pas.

69. Vitesse du son. — Le son ne court pas très vite dans l'air, il parcourt 340 mètres par seconde. Alors un son n'arrivera pas à l'oreille en même temps qu'il se produit, si le corps sonore est un peu éloigné de nous; nous avons vu qu'il n'en était pas ainsi pour la lumière : que nous la voyions aussitôt produite. Telle est la raison pour laquelle nous n'entendons pas le coup de hache que donne le bûcheron sur l'arbre en même temps que nous le voyons frapper, si nous sommes un peu loin (*fig.* 233). Les mouvements de sa hache sont perçus par l'œil en même temps qu'ils se produisent, mais, suivant la distance, le bruit du choc de la hache contre l'arbre est plus ou moins long à parvenir à notre oreille; il mettra une demi-seconde si nous sommes à 170 mètres du bûcheron.

Fig. 233. — On entend le bruit après avoir vu le bûcheron frapper sur l'arbre.

Pour la même raison, nous voyons la fumée sortir du fusil d'un chasseur avant d'entendre le coup de fusil. Nous entendons le bruit du tonnerre après que nous avons vu l'éclair. Dans ce dernier cas, l'étincelle qu'on appelle l'éclair a, pour passer, déplacé rapidement l'air qui, mis en vibration, a produit un bruit : le tonnerre.

On peut alors, avec une montre indiquant les secondes, comme celles dont se servent les médecins qui en ont besoin pour tâter votre pouls, savoir à quelle distance on se trouve d'un bûcheron, d'un chasseur, d'un éclair, etc. Dès qu'on voit la cause d'un son se produire, on regarde la petite aiguille du cadran à secondes et on note sa place ; dès qu'on entend le son, on note sa nouvelle position ; supposons que l'aiguille ait marché 1 seconde et demie entre les deux observations, on dira que la distance est de 1 fois et demie 340 mètres ou 510 mètres.

70. — Le son se propage non seulement à travers l'air, mais à travers l'eau et à travers les corps solides; et même il s'y propage avec une vitesse bien plus considérable que dans l'air ; ainsi, dans l'eau, le son va plus de 4 fois plus vite que dans l'air. A travers les corps solides, la vitesse est encore plus grande et dépend de la nature du solide ; ils conduisent les sons de plus loin que l'air. Ainsi, en plaçant son oreille sur la terre durcie par la gelée en hiver, on entendra rouler une voiture à une très grande distance alors qu'on n'entendrait rien dans l'air ; on recommande aux sentinelles qui veillent à la sûreté des postes, en campagne, de placer de temps en temps leur oreille à terre pour percevoir de plus loin les déplacements des ennemis. De même, en se couchant sur les rails d'un chemin de fer, on entendra un train venir de très loin.

71. Écho. — Lorsqu'un son rencontre un obstacle, rideau d'arbres (*fig.* 234), montagne, rochers, etc., il est renvoyé par cet obstacle, comme la lumière était réfléchie par le miroir ; votre oreille, qui entend d'abord le son produit, puis le son après qu'il a été réfléchi, entend l'*écho* du son, sa répétition. Suivant la disposition des lieux, l'écho peut se produire plusieurs fois ; ainsi on cite

Fig. 234. — Le bruit du coup de fusil est renvoyé par le rideau d'arbres.

l'écho du château de Simonetta, en Italie, qui répète environ 40 fois un coup de pistolet.

72. Instruments de musique. — La musique est produite soit par les vibrations de cordes, soit par les vibrations de l'air dans un instrument. De là deux sortes d'instruments : les *instruments à cordes* et les *instruments à vent.*

Dans la harpe, on pince des cordes; dans le violon, on les frotte avec un archet enduit de résine; dans le piano, on les frappe avec un marteau de bois par l'intermédiaire des touches : voilà des instruments à cordes.

Dans le cor, l'exécutant règle l'arrivée de l'air dans l'instrument en serrant ou en détendant ses lèvres; dans le cornet à piston, les lèvres font le même office et, de plus, les pistons abaissés ou levés permettent à l'air d'effectuer dans l'instrument des trajets différents; dans la clarinette, l'artiste fait vibrer, toujours avec l'air sorti de sa bouche, une petite lame ou *anche* qui transmet les vibrations à l'air de l'intérieur de l'instrument, etc.

Résumé.

67. — Un son est produit par les *vibrations* d'une paroi, ou d'une corde, ou de l'air.

68. — Pour qu'un son soit perçu, il doit être conduit à l'oreille par un milieu pesant : air, eau, solide.

Le son ne se propage pas infiniment loin.

69. — *Le son parcourt 340 mètres par seconde* dans l'air; sa vitesse dans l'eau est plus de 4 fois plus grande; elle est plus grande encore chez les solides.

71. — L'*écho* est produit par la réflexion d'un son rencontrant des obstacles.

72. — Les instruments de musique sont à *cordes* ou à *vent.*

Questionnaire. — 1. Que faut-il pour produire un son? — 2. Comment montre-t-on les vibrations dans un verre qui résonne? — 3. Que doit exister entre le corps qui vibre et votre oreille pour entendre un son? — 4. Pourquoi le son ne s'entend-il pas à toutes les distances? — 5. Quelle est la vitesse du son dans l'air? dans l'eau, dans les solides? — 6. Pourquoi n'entend-on pas le coup de fusil en même temps qu'on voit la fumée? — 7. Comment peut-on entendre venir une voiture de très loin? — 8. Par quoi est produit l'écho? — 9. De quelles façons produit-on des sons dans les instruments de musique?

CHAPITRE X

ÉLECTRICITÉ

73. — L'Électricité, qui fait tant parler d'elle aujourd'hui, a des origines, bien modestes cependant. Frottons un bâton de cire sur une étoffe de laine et nous développerons sur la cire de l'électricité. Le bâton n'a pas changé d'aspect, mais, approché de petits morceaux de papier, il les attire (*fig.* 235). C'est à cette propriété qu'ont certains corps d'en attirer d'autres légers qu'on a donné le nom d'*électricité*.

Fig. 235. — Le bâton de cire frottée attire le papier.

74. — Il n'y a pas que la cire qui, après avoir été frottée, devienne électrisée; le verre, la résine, le caoutchouc, le soufre sont dans ce cas. On peut même dire que *tous les corps peuvent s'électriser* par le frottement; mais il en est qui gardent l'électricité à l'endroit seul où on l'a développée, ce sont de *mauvais conducteurs* de l'électricité : le verre, la cire, la résine, la soie; tandis que d'autres la laissent passer dans toute leur masse, ce sont de *bons conducteurs* de l'électricité : tous les métaux, le corps humain, les liquides, les gaz humides.

Alors si une tige de fer tenue à la main et frottée

n'attire pas les corps légers qu'on lui présente, c'est parce que l'électricité développée dans le fer s'est répandue dans toute sa masse, a passé dans le corps de celui qui la tenait, et enfin s'est perdue dans le sol. Mais on peut montrer que le fer s'électrise par le frottement en donnant à la tige de fer un manche en verre et en tenant l'ensemble par le verre, ou bien en tenant le fer, la main enveloppée dans un foulard de soie (*fig.* 236). En frottant le fer, de l'électricité se produit, elle se répand bien dans toute la tige, mais s'arrête au manche de verre ou à la soie, qui, mauvais conducteurs, s'opposent à son départ; le fer attirera alors des petits morceaux de papier.

75. — Plus tard, quand on a eu l'idée de frotter de grandes surfaces de résine ou de verre, on a pu développer de plus grandes

Fig. 236. — Le fer frotté isolé par la soie attire le papier.

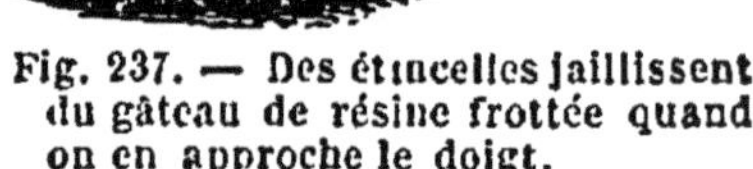

Fig. 237. — Des étincelles jaillissent du gâteau de résine frottée quand on en approche le doigt.

quantités d'électricité qui ont produit d'autres phénomènes que des attractions. Si nous prenons une plaque de résine et que nous la frottions avec une peau de chat bien sèche, en approchant l'articulation de notre doigt de la résine, nous verrons une *petite étincelle* se produire (*fig.* 237) et nous sentirons une très légère piqûre. Voilà un fait plus saillant que l'attraction que nous avions signalée tout à l'heure.

Dans la grande machine électrique que nous étudierons plus tard, c'est le frottement d'une roue de verre contre des coussins qui produit de l'électricité. On obtient alors des étincelles électriques très grandes, capables d'*enflammer* des matières combustibles, de la paille, de l'alcool, de l'éther, etc.; de *briser* de minces lames de verre; de produire dans notre corps des commotions douloureuses.

76. Piles. — On peut produire, d'une autre façon que par le frottement, de grandes charges d'électricité. On a remarqué que toutes les fois qu'une modification importante était apportée dans la nature d'un corps, de l'électricité accompagnait toujours cette modification. Ainsi, quand de l'eau se vaporise ou s'évapore, quand du charbon brûle, quand l'herbe pousse, quand un métal décompose l'eau, etc., de l'électricité se produit.

Volta, un physicien italien, a utilisé l'électricité qui se développe en même temps que l'eau se décompose au contact du zinc, dans un appareil qu'on a appelé, à cause de sa disposition, *pile de Volta* (*fig.* 239).

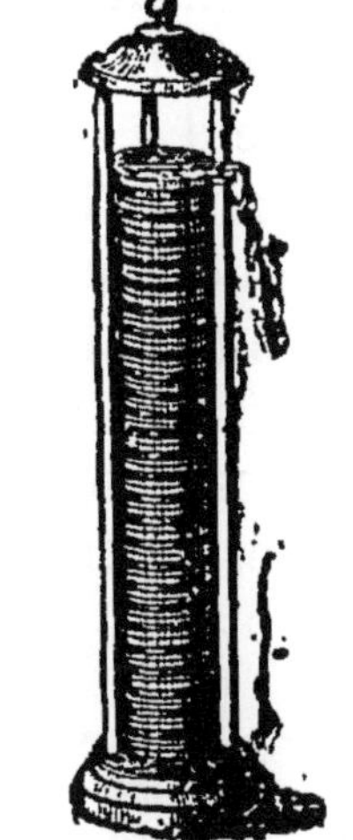
Fig. 239. — Pile de Volta.

Si l'on empile une rondelle de zinc, puis une rondelle de drap imbibée d'eau acidulée, puis une rondelle de cuivre, puis zinc, drap, cuivre, zinc, drap, etc., jusqu'à un dernier cuivre, qu'on prolonge le premier zinc et le dernier cuivre par des fils conducteurs en cuivre, on verra, si l'on opère dans l'obscurité, de petites étincelles se produire toutes les fois qu'on approchera ou qu'on séparera les extrémités des fils.

L'action chimique du zinc sur l'eau acidulée a produit cette électricité qui manifeste sa présence par ces étincelles. Si l'on prend une pile composée de très larges rondelles et très nombreuses, on obtiendra des étincelles plus brillantes, et l'on ressentira de très fortes commotions si l'on se trouve sur le passage de cette électricité.

77. — L'électricité qu'on développe par cette action chimique qui se renouvelle à tout instant, peut être comparée à un liquide qui coulerait dans un tube creux; c'est comme de l'électricité qui coule, aussi lui a-t-on donné le nom de *courant électrique*. Ce courant suit même une direction qui est toujours la même, il va du cuivre au zinc en dehors de la pile.

78. — Cette électricité qui circule ne produit d'effets qu'à la condition que le circuit soit fermé, qu'il n'y ait pas d'interruption, c'est-à-dire que le courant qui part de la pile puisse y revenir. Cependant, quand on veut produire de la lumière, on doit séparer les deux fils, mais les maintenir très près l'un de l'autre : si l'on vient à les éloigner trop, rien ne se produit plus; on dirait qu'il faut que la distance soit assez faible pour que le courant puisse sauter de l'une à l'autre extrémité afin de reprendre alors son cours.

Si c'est notre corps qui sert à relier un fil à l'autre, nous ressentons des *commotions* électriques.

Si c'est un très mince cheveu métallique qui relie les fils, on le voit bientôt rougir, puis disparaître *volatilisé*.

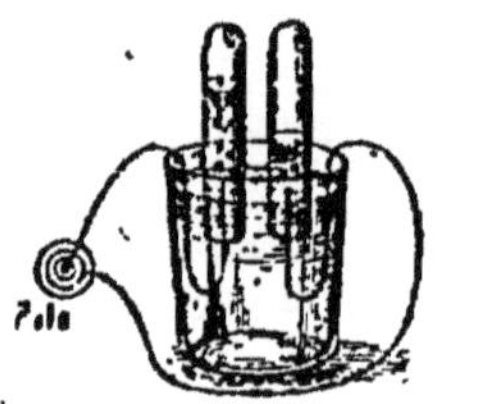

Fig. 239. — Décomposition de l'eau par la pile.

Si l'on fait passer les fils par le fond d'un verre contenant de l'eau, le courant passant dans cette eau *la décomposera* (*fig.* 239) : on verra en effet apparaître, aux extrémités de chaque fil immergé, des bulles de gaz qui pourront être recueillies dans de petits tubes. On reconnaîtra qu'un des tubes contient de l'oxygène et l'autre de l'hydrogène. Le courant de la pile est même le plus puissant agent de décomposition que nous connaissions : il a pu décomposer des corps qu'on avait toujours considérés jusqu'alors comme des corps simples. Nous verrons plus tard quelle utilité on tire de cette propriété décomposante d'un courant pour produire la *galvanoplastie*.

Un courant de pile a pu même servir à *éclairer* nos magasins et nos rues, en mettant au bout des fils de cuivre des crayons en charbon : ce charbon se volatilisait peu à peu dans l'étincelle et augmentait considérablement son intensité.

79. — Nous avons marché si vite en électricité que la pile de Volta est depuis longtemps abandonnée, mais toutes les piles actuelles sont fondées sur le même principe : toutes utilisent l'électricité qui se développe en même temps qu'une action chimique.

80. Foudre. — Toutes les fois qu'un phénomène important se produit, il en résulte formation d'électricité; or les nuages sont formés par l'évaporation de l'eau de la mer, ils sont le résultat d'un phénomène très actif, il n'y a donc rien d'étonnant qu'ils contiennent de l'électricité. Si donc un nuage fortement chargé d'électricité vient à passer assez près du sol, une étincelle jaillira, comme elle jaillit du plateau de résine à notre doigt lorsque nous l'approchons. Cette grande étincelle, c'est l'*éclair*. On entend après que l'étincelle a jailli un bruit plus ou moins fort et plus ou moins prolongé, c'est le *tonnerre*. Ce bruit est produit par le déplacement rapide de l'air sur le passage de l'étincelle; il est prolongé et renforcé par les échos.

La foudre n'est donc qu'une grande étincelle, elle ne tombe pas plus qu'elle ne s'élève; et si quelque chose doit nous effrayer dans la foudre, ce ne doit certainement pas être le tonnerre qui, lui, n'étant qu'un bruit, est incapable de faire aucun mal.

La raison pour laquelle on recommande de ne pas s'abriter sous les arbres, en temps d'orage, est que c'est où la distance est la plus faible entre un nuage orageux et la terre que l'étincelle jaillira de préférence; or plus l'arbre est élevé et plus sa distance au nuage est faible. Ce sont donc les arbres élevés qui seront de préférence foudroyés, de même que les clochers des églises, s'ils ne sont pas munis d'un paratonnerre.

81. — Le **paratonnerre** (*fig.* 240) est une longue tige de fer plantée sur le sommet d'un édifice; la tige est prolongée jusque dans le sol par une corde en fer et elle s'enfonce dans un puisard; elle est reliée à l'édifice par des crampons de fer. Le paratonnerre n'attire pas la foudre, il permet à l'électricité qui s'est développée dans l'édifice placé dans la sphère d'action d'un nuage orageux de s'écouler par sa pointe.

Fig. 240. — Paratonnerre.

Les pointes possèdent en effet la propriété de laisser écouler l'électricité; de sorte qu'un corps électrisé qui posséderait une pointe ne pourrait pas plus conserver son électricité qu'un tonneau ne conserverait son vin si la cannelle était ouverte. C'est pourquoi nous voyons toutes les surfaces arrondies dans toutes les machines électriques, aux endroits où l'on désire garder l'électricité, et nous trouvons des pointes où l'on désire voir l'électricité s'échapper. C'est Franklin qui a signalé cette propriété des pointes et qui l'a utilisée dans le paratonnerre.

AIMANTS.

82. — On trouve en Suède, dans la terre, un minerai de fer qui a la propriété d'attirer le fer ; on appelle ce minerai *aimant naturel*. On peut communiquer à des barreaux de fer cette même propriété. On appelle *aimants* des barres de fer qui sont capables d'attirer le fer.

Les aimants que nous connaissons le mieux sont ceux qui sont en forme de fer à cheval et qui nous ont servi à attirer nos plumes.

83. — Les aimants ont une propriété plus intéressante encore que l'attraction qu'ils exercent sur le fer : si nous suspendons par son milieu une aiguille aimantée pouvant librement tourner (*fig.* 241), elle se dirigera d'elle-même de telle sorte qu'une pointe se dirige vers le Nord tandis que l'autre regardera le Sud; si nous venons à éloigner l'aiguille de la direction qu'elle vient de prendre librement, elle y reviendra invariablement; nous appellerons pôle boréal la pointe qui se dirige vers le Nord et pôle austral celle qui se dirige vers le Sud.

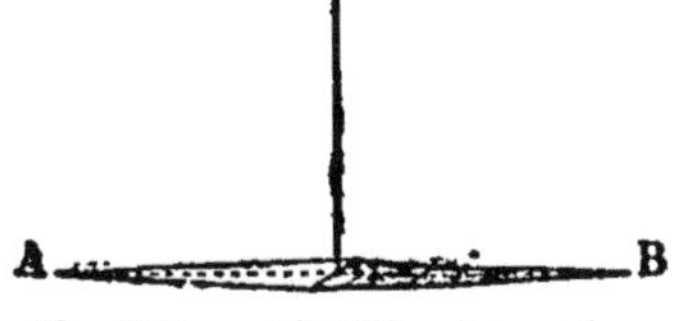

Fig. 241.— Aiguille aimantée.

84. — Recommençons la même expérience avec plusieurs aiguilles et marquons de la même façon les pointes qui se dirigent du même côté.

Si nous suspendons par son centre l'une de nos aiguilles marquées, et que nous en approchions une autre aiguille tenue dans notre main (*fig.* 242), nous remarquerons que, suivant que nous présenterons l'une ou l'autre pointe à l'aiguille mobile, les pointes s'attireront ou se repousseront. En observant bien, nous remarquerons que, lorsque nous mettons en regard les pôles marqués de la même façon, il y a répulsion, et qu'au contraire, lorsque nous approchons deux pôles marqués différemment, ils s'attirent. On en conclut les lois suivantes:

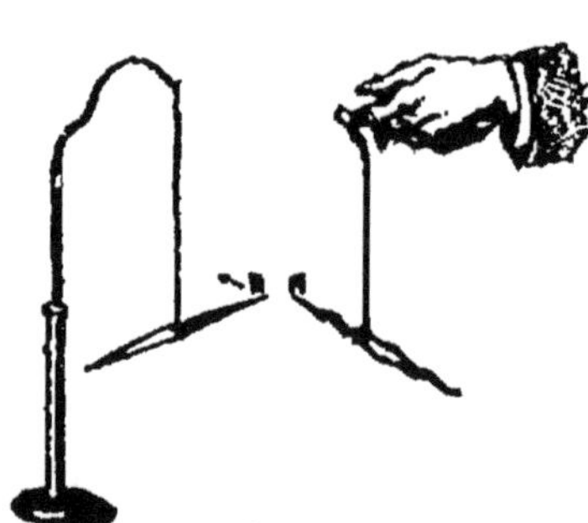

Fig. 242. — Attraction ou répulsion des pôles.

Deux pôles de même nom se repoussent.
Deux pôles de noms différents s'attirent.

85. **Boussole.** — L'aiguille aimantée ayant une de ses pointes dirigée toujours vers le Nord, pourra servir aux marins à se diriger sur la mer: nous savons en effet que, lorsqu'on connaît un des points cardinaux, on peut trouver les trois autres. L'aiguille placée dans une boîte circulaire prend alors le nom de *boussole* (*fig.* 243).

86. **Divers procédés d'aimantation.** — Pour aimanter une aiguille d'acier, il suffit de la frotter, toujours dans le même sens, avec un aimant : nous pouvons aimanter de la sorte une de nos plumes qui devient alors capable d'en attirer d'autres.

87. — Si l'on fait pénétrer les deux branches d'un barreau de fer bien pur contourné en fer à cheval, par exemple, dans des bobines de bois entourées d'un

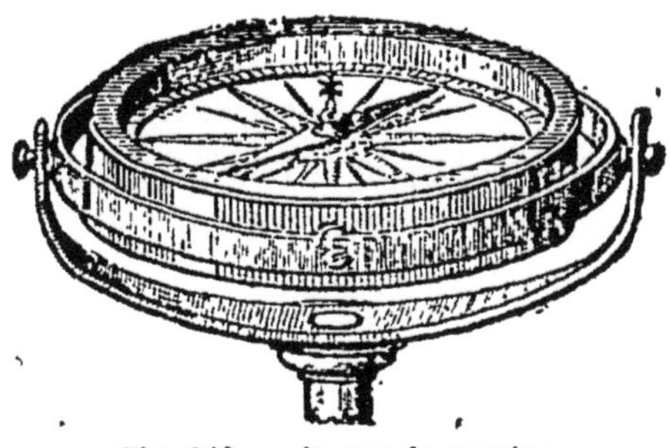

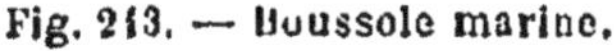

Fig. 243. — Boussole marine.

Fig. 244. — Quand le courant passe, la pièce de fer est attirée; elle cesse de l'être quand le courant ne passe plus.

même fil de cuivre, et qu'on fasse communiquer les extrémités du fil avec une pile (*fig.* 244), le fer deviendra instantanément aimant, ce qu'on constatera en voyant qu'il attire une pièce de fer placée en avant de lui. Mais si l'on vient à interrompre le courant, le barreau cesse également d'être aimant, la pièce de fer quitte ses branches, pour revenir s'y coller dès que le courant repasse, et ainsi de suite.

Ainsi donc, un courant de pile passant dans le voisinage d'une barre de fer est capable d'aimanter le barreau de fer; mais, si le fer est pur, l'aimantation sera toute passagère et cessera en même temps que le courant cessera de passer.

C'est cette propriété qu'on utilise pour faire fonctionner la *sonnerie électrique*, le *télégraphe électrique* et d'une façon générale tous les appareils qui fonctionnent à l'aide d'*électro-aimants*.

88. — De même qu'un courant de pile aimante un barreau de fer en passant dans son voisinage, de même *un aimant qu'on placera dans le voisinage d'un fil de cuivre fera naître dans ce fil des courants tout semblables à ceux des piles*. Ce phénomène extrêmement singulier est même la cause productrice des courants les plus intenses qu'on ait connus jusqu'alors. Ce sont les courants électriques ainsi produits dans un des fils métalliques, sans aucune pile, développés par l'approche ou l'éloignement d'un aimant, qui sont capables d'éclairer nos rues et qui remplaceront, dans un avenir plus ou moins prochain, la force de la vapeur dans les locomotives, les bateaux et toutes les machines qui marchent à la vapeur.

Résumé.

73. — Quand on frotte un bâton de cire sur une étoffe de laine, il devient capable d'attirer les corps légers; cette propriété, c'est l'*électricité*.

74. — Les corps *mauvais conducteurs* de l'électricité gardent l'électricité à l'endroit où elle est développée : le verre, la cire, la résine.

Les *bons conducteurs* de l'électricité la laissent répartir dans toute leur masse ; les métaux, les liquides. Pour électriser par frottement les bons conducteurs, il faut leur donner comme support de mauvais conducteurs.

75. — Lorsqu'on approche un autre corps d'un corps fortement électrisé, une *étincelle* jaillit.

76. — La *pile de Volta*, formée par des rondelles de zinc, de drap imbibé d'eau acidulée et de cuivre, produit de l'électricité qui circule dans des fils conducteurs en cuivre qui prolongent la première rondelle de zinc et la dernière rondelle de cuivre. L'électricité a pour cause la décomposition de l'eau par le zinc. Ce courant est capable de rougir de minces fils de métal et de décomposer tous les corps composés.

80. — La *foudre* est une étincelle électrique jaillissant entre un nuage et la terre ou entre deux nuages; le tonnerre est produit par l'ébranlement des couches d'air sur le passage de l'étincelle.

81. — Le *paratonnerre* préserve les édifices des atteintes de la foudre, c'est une application du pouvoir des pointes.

82. — Un *aimant* est un barreau de fer possédant la propriété d'attirer le fer. Une aiguille aimantée a l'une de ses pointes constamment dirigée vers le Nord. On utilise cette propriété dans la *boussole*.

84. — Les pôles de même nom se repoussent; ceux de noms différents s'attirent.

86. — On peut aimanter un barreau de fer en le frottant avec un aimant, toujours dans le même sens.

87. — Un *électro-aimant* est un barreau de fer pur pénétrant dans une bobine de bois entourée d'un fil de cuivre communiquant avec une pile : quand le courant passe, le barreau de fer est aimant; il cesse de l'être aussitôt que le courant ne passe plus. On utilise cette propriété dans le télégraphe électrique.

88. — De même qu'un courant de pile aimante un barreau de fer, de même un aimant développera dans un fil de cuivre voisin des courants semblables à ceux des piles. Ces courants produits sans piles sont les plus énergiques que l'on connaisse : on les emploie pour éclairer les rues et les magasins dans les grandes villes.

Questionnaire. — 1. Quelle est la propriété la plus anciennement connue de l'électricité? — 2. Comment électrise-t-on un bâton de cire ou de verre? — 3. Peut-on électriser de la même façon du fer? — 4. Qu'entend-on par corps mauvais, bons conducteurs de l'électricité? — 5. Que voit-on se produire en approchant sa main d'un corps fortement électrisé? — 6. Quels sont les principaux effets de l'étincelle électrique? — 7. Comment monte-t-on une pile de Volta? — 8. Quelle est la cause productrice de l'électricité dans cette pile? — 9. Quelle est la direction du courant dans ces piles? — 10. Quels sont les effets du courant électrique? — 11. Comment se fait-il que les nuages possèdent de l'électricité? — 12. Qu'est-ce que la foudre? — 13. Qu'est-ce qui produit le tonnerre? est-il dangereux? — 14. Pourquoi y a-t-il danger à se réfugier sous les arbres en temps d'orage? — 15. Qu'est-ce que le paratonnerre? — 16. Son emploi est fondé sur quelle propriété? — 17. Qu'est-ce qu'un aimant? — 18. Quelle est la propriété d'une aiguille aimantée? — 19. Comment agissent entre eux les pôles des aimants? — 20. Enoncer les deux lois relatives aux aimants? — 21. A qui sert la boussole? et pourquoi? — 22. Comment aimante-t-on un barreau de fer? — 23. Qu'est-ce qu'un électro-aimant? — 24. Quelles sont ses applications? — 25. Quelle est l'action d'un aimant sur un fil de cuivre voisin? — 26. Quelle est la nature des courants ainsi développés?

FIN DE LA PHYSIQUE.

LIVRE V

CHIMIE

CHAPITRE I

EAU — AIR

1. **Définition.** — En Chimie l'on étudie les corps les uns après les autres en signalant leurs propriétés et les transformations que certains agents leur font subir. Aussi allons-nous prendre les plus intéressants pour le moment, et commencer par l'eau.

L'EAU.

2. — L'eau est généralement *liquide* dans la mer, dans nos rivières et dans les lacs ; on la connaît cependant *solide*, c'est la glace, en hiver ; nous savons qu'elle peut devenir *vapeur* quand on vient à la chauffer. Dans la carafe, l'eau n'a pas de couleur, mais, vue sous une grande épaisseur et pure comme l'eau des lacs de Suisse, elle est bleu indigo.

3. — Nous ne rappellerons plus de nouveau ce que nous avons dit d'elle dans nos entretiens de Physique, ni à propos du principe d'Archimède, ni à propos de la force de la vapeur, ni du brouillard, ni des nuages, etc., tout cela a été suffisamment étudié.

4. — Les anciens croyaient que l'eau était un *élément*, nous disons maintenant *corps simple*, c'est-à-dire un corps duquel on ne pouvait retirer aucune autre matière. Ils reconnaissaient quatre éléments :

l'air, l'eau, la terre, le feu; or les trois premiers corps ne sont pas simples et le feu n'est pas un corps, c'est un phénomène qui se produit dans de certaines circonstances que nous expliquerons dans un Chapitre suivant. Nous savons maintenant que *l'eau est un corps composé* de deux gaz que nous allons étudier : l'*Oxygène* et l'*Hydrogène*.

5. — Nous avons déjà signalé en Physique que l'eau est un corps composé, puisque nous avons pu la décomposer en y faisant passer un courant de pile.

Rappelons l'expérience : dans un verre contenant de l'eau, nous faisons arriver les fils de cuivre qui prolongent une pile (*fig.* 245). Au-dessus de chaque fil nous déposons deux petits tubes fermés à une extrémité et d'abord pleins d'eau. Aussitôt que le courant passe, nous voyons se dégager des bulles autour de chaque fil de cuivre; ces bulles s'élèvent dans l'eau des tubes et obligent celle-ci à descendre peu à peu. On voit bientôt que le gaz enfermé dans l'un des tubes est toujours double de celui qui est dans l'autre. Nous allons reconnaître que le gaz le plus abondant est l'*Hydrogène*, que l'autre est l'*Oxygène*. On dira alors que *l'eau est formée de deux volumes d'hydrogène pour un volume d'oxygène*.

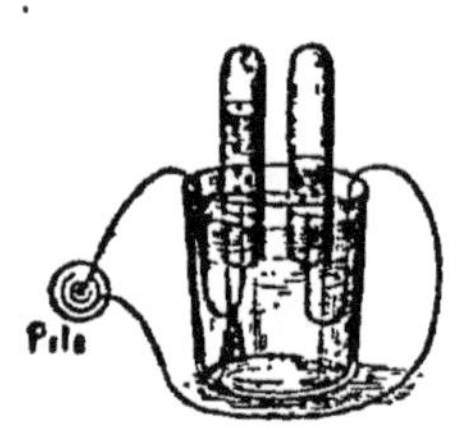

Fig. 245. — Décomposition de l'eau par la pile.

6. — La pile n'est pas seule capable de décomposer de l'eau : les métaux, lorsqu'ils sont rougis au feu, peuvent aussi la décomposer; dans ce cas, ils s'emparent de son oxygène, on dit qu'ils *s'oxydent* ou se rouillent, et laissent l'hydrogène se dégager. On peut encore décomposer de l'eau avec les métaux, sans les rougir; il suffit d'ajouter à l'eau quelques gouttes d'acide

énergique. Nous recauserons de ce dernier procédé à propos de l'hydrogène; Volta l'a utilisé dans sa pile.

7. — L'eau qu'on trouve dans nos rivières n'est pas aussi pure que l'eau des chimistes; elle ne contient pas seulement de l'oxygène et de l'hydrogène, elle renferme en dissolution de l'*air* qui servira à la respiration des poissons, de l'*acide carbonique*, puis des sels dissous : de la *craie*, du *plâtre* et, dans les eaux de la mer, du *sel marin* que les chimistes appellent du chlorure de sodium.

8. — Pour qu'une eau soit *potable*, c'est-à-dire bonne à boire, il faut qu'elle soit bien aérée, fraîche, sans odeur, d'une saveur agréable, et qu'elle contienne très peu de sels en dissolution.

Les eaux des puits ne sont généralement pas bonnes à boire, on dit qu'elles sont crues. Nous reconnaîtrons qu'elles ne sont pas potables, si elles ne font pas mousser le savon, si elles durcissent les légumes qu'on y met cuire, et si elles laissent des dépôts pierreux abondants le long des bouillottes dans lesquelles on les fait chauffer.

Une eau privée d'air est *lourde* et indigeste, aussi faut-il avoir soin, avant de boire de l'eau qu'on a fait bouillir, de la battre à l'air avec quelques brindilles de bois.

9. — Comme l'eau que nous buvons, avant d'arriver dans notre carafe, a traversé l'air, puis s'est infiltrée dans le sol pour ressortir par des sources, elle a pu saisir au passage dans l'air ou dans le sol des germes capables d'engendrer des maladies épidémiques, ou dissoudre dans la terre des sels nuisibles à la santé quand leur quantité est trop grande; aussi recommande-t-on de faire bouillir l'eau qu'on doit boire, en temps d'épidémie, et de la filtrer toujours.

10. — Quand les sels dissous par les eaux sont en très grandes quantités, les eaux sont dites *minérales* et la médecine les utilise ; telles sont les eaux sulfureuses d'Enghien, de Barèges; les eaux carbonatées de Vichy; les eaux ferrugineuses de Spa, de Bussang; les eaux purgatives de Pullna, de Sedlitz.

11. — L'eau est nécessaire à l'alimentation des animaux et des végétaux; c'est même la boisson la plus salutaire; elle sert à nos soins de propreté, au blanchissage du linge;

Elle forme les nuages et retombe en pluie bienfaisante sur les plantes; son cours fait tourner les roues des moulins, etc.; à l'état de vapeur, elle fait fonctionner les machines à vapeur, etc.

12. Oxygène. — Prenons le petit tube (que nous appellerons maintenant par son nom : éprouvette) de la *fig.* 245, contenant l'oxygène, c'est-à-dire le gaz le moins abondant, et, la tenant bouchée avec le doigt, retournons-la, l'ouverture en haut (*fig.* 246). Nous verrons qu'en y plongeant une allumette éteinte dont le bois est cependant encore rouge, *l'allumette s'enflammera de nouveau* en brûlant avec une clarté plus vive que dans l'air.

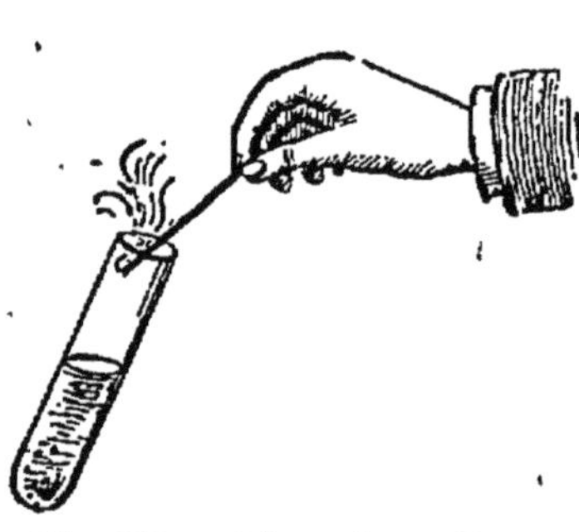

Fig. 246. — L'oxygène rallume l'allumette.

Voici une propriété de l'oxygène que nous ne devons pas oublier : *ce gaz ranime les combustions*, il les avive, il ramène la vie quand elle allait s'éteindre. C'est en effet ce gaz qui nous fait vivre.

13. — Les chimistes savent préparer de l'oxygène et en retirer de grandes quantités en décomposant certains corps, mais nous n'avons pas les produits nécessaires pour cela; nous allons cependant nous procurer une petite quantité de ce gaz. Coupons, dans la rivière, quelques brins de cette plante qui y croît en abondance : le Potamogeton. Plaçons maintenant ces algues au fond d'un bocal en verre et exposons-le au soleil. Nous allons voir aussitôt de nombreuses bulles d'oxygène se dégager [1] (*fig.* 247). A l'aide d'un entonnoir nous dirigeons ces bulles dans des éprouvettes. Nous en aurons alors d'assez grandes quantités pour étudier à notre aise l'oxygène.

Fig. 247. — L'oxygène se dégage des feuilles vertes exposées au soleil.

14. — Nous reconnaîtrons que l'oxygène n'a pas de couleur, et qu'il n'a pas d'odeur. Nous recommencerons aussi des expériences de combustions en brûlant un petit morceau de charbon de bois descendu rougi dans l'éprouvette et tenu au bout d'un fil de fer; un petit fragment de soufre, etc.: Nous verrons toujours des lumières très vives se produire.

15. Hydrogène. — Prenons maintenant, avec les mêmes précautions que pour l'oxygène, l'éprouvette contenant l'hydrogène résultant de la décomposition de l'eau par la pile (*fig.* 245), c'est-à-dire l'éprouvette contenant le gaz le plus abondant, et maintenons-la l'ouverture en bas. Si nous en approchons une allumette enflammée (*fig.* 248), nous allons entendre

---

(1) Nous rappellerons que la partie verte des végétaux, sous l'influence des rayons solaires, décompose l'acide carbonique, contenu ici dans l'eau, absorbe le carbone et restitue l'oxygène : c'est cet oxygène qui se dégage.

un *petit coup de sifflet* et nous allons voir, en regardant bien, une *flamme très pâle* apparaître aux bords du tube. Puis, si nous enfonçons l'allumette dans l'éprouvette, *elle s'éteindra*. Nous voyons que ce gaz n'a nullement agi comme l'oxygène : l'hydrogène brûle, *il est combustible*, l'oxygène ne brûlait pas lui-même, puis l'hydrogène *a éteint* l'allumette, tandis que l'oxygène, lui, au contraire, la rallumait alors qu'elle était presque éteinte.

Fig. 248. — L'hydrogène brûle.

16. — Nous pouvons obtenir de plus grandes quantités d'hydrogène en *décomposant l'eau acidulée par le zinc*. Au fond d'un flacon de verre, nous plaçons des petits morceaux de zinc, puis nous versons de l'eau à moitié du flacon ; nous le bouchons ensuite à l'aide d'un bouchon percé de deux trous. Dans un des trous s'engage et plonge dans l'eau un tube garni d'un petit entonnoir, dans l'autre passe un tube recourbé plongeant ensuite dans une cuvette d'eau (*fig.* 249). Si nous versons quelques gouttes (avec beaucoup de précaution, pour éviter qu'il n'en tombe sur nos doigts) d'acide sulfurique par le tube central, nous verrons aussitôt des bulles

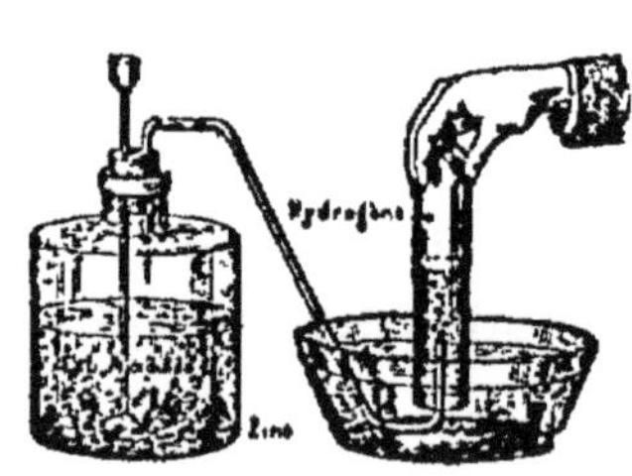

Fig. 249. — Préparation de l'hydrogène.

nombreuses monter dans l'eau et se dégager à l'extrémité du tube recourbé. Si l'on place au-dessus de la courbure ouverte une éprouvette d'abord pleine d'eau, nous la verrons peu à peu s'emplir de gaz.

Enflammons maintenant le gaz contenu dans cette première éprouvette : nous entendrons un assez fort sifflement, et nous ferons bien, si notre éprouvette est peu épaisse, d'envelopper notre main dans notre mouchoir, car elle pourrait se briser. En effet, l'éprouvette ne contient pas que l'hydrogène, car, dans le haut du flacon, au-dessus de l'eau se trouvait de l'air qui, entraîné par l'hydrogène, s'est rendu dans l'éprouvette. Or un *mélange d'air et d'hydrogène détone à l'approche d'un corps enflammé*. Nous aurons d'ailleurs souvent à signaler des détonations se produisant à l'inflammation d'un gaz contenant de l'hydrogène.

Fig. 250. — L'hydrogène se trouve toujours dans l'éprouvette supérieure.

17. — Nous pouvons constater avec une nouvelle éprouvette que l'hydrogène est plus léger que l'air : on abouche deux éprouvettes (*fig.* 250), l'une contenant de l'hydrogène, l'autre de l'air, et en les tournant dans un sens ou dans l'autre, on trouvera toujours l'hydrogène dans l'éprouvette supérieure. Comme l'hydrogène n'est pas plus visible à l'œil que l'air, c'est l'allumette enflammée qui vous signalera sa présence. On a trouvé qu'en effet *l'hydrogène pèse* 14 *fois moins que l'air*. A cause de sa très grande légèreté, on s'en est servi pour gonfler les ballons, mais ce gaz est si subtil qu'il arrive à traverser toutes les enveloppes; on lui préfère généralement pour cet usage le gaz d'éclairage seulement trois fois moins lourd que l'air.

AIR

18. — L'air au milieu duquel nous vivons est, lui aussi, comme l'eau, un *corps composé*, c'est un gaz formé du mélange de l'*oxygène*, que nous connaissons bien maintenant, et de l'*azote*. Sur 5 litres d'air, il y a 4 litres d'azote et 1 litre d'oxygène. Grâce à l'oxygène contenu dans l'air, les corps y peuvent brûler, mais, grâce à l'azote qui tempère son action, ils n'y brûlent pas trop vite. Et nous-même, c'est grâce à cet oxygène atténué que nous ne brûlons pas, car nous savons que la respiration est une combustion, et que si elle était trop vive nous serions bientôt cuits.

Sous une petite épaisseur, l'air n'a pas de couleur, mais, vu sous une grande épaisseur, il est *bleu indigo* plus ou moins foncé. Ainsi le bleu du ciel n'est autre que le bleu de l'air ; nous ne voyons pas bleu lorsque l'atmosphère est chargée de nuages, parce que l'épaisseur de l'air n'est pas assez grande.

19. — L'air naturel contient toujours, outre l'oxygène et l'azote qui le composent, de l'*acide carbonique* provenant surtout de la respiration des animaux et des végétaux, et de la *vapeur d'eau* provenant de l'évaporation des eaux, puis une infinité de poussières de tous genres que nous apercevons bien quand un rayon de lumière vient à traverser le volet d'une chambre obscure.

20. — L'air est indispensable à la vie des animaux : un oiseau meurt rapidement lorsqu'on le met sous la cloche d'une machine pneumatique sous laquelle on fait le vide.

Il sert également à la respiration et à la nutrition des végétaux ; il est indispensable à la germination des graines : telle est la raison pour laquelle on rend le sol *meuble* par le labourage au moment des semailles. Il est encore indispensable au développement des fruits verts qui, grâce à lui, peuvent encore mûrir, même détachés de l'arbre avant leur complète maturité.

21. **Azote.** — L'azote est un gaz dont le nom signifie qu'il est impropre à la vie. Ce n'est pas un poison puisque nous en respirons 4 litres toutes les fois que nous respirons 5 litres d'air; mais seul, comme d'ailleurs tout gaz qui n'est pas de l'air, il nous causerait la mort par asphyxie.

On ne peut pas l'enflammer, *il n'est donc pas combustible* et, de plus, nous venons de voir qu'il *est incapable d'entretenir des combustions* puisqu'il n'entretient pas la respiration.

Retenons donc de lui qu'il tempère l'action trop brûlante de l'oxygène. Il joue un rôle très important en agriculture où l'on recherche pour engrais les substances azotées.

Résumé.

2. — **L'eau** est *liquide* dans nos rivières, *solide* dans les glaciers, *gaz* ou *vapeur* dans l'air. Elle est composée de *2 volumes d'hydrogène pour 1 volume d'oxygène* : un *courant de pile la décompose*, ou un *métal porté au rouge*, ou un *métal froid, si elle est acidulée.*

7. — L'eau de nos rivières contient en outre de l'*air* et de l'*acide carbonique* en dissolution, puis des *sels*.

8. — Pour être *potable*, une eau doit être aérée, et contenir peu de sels. Elle *n'est pas potable quand elle savonne mal et qu'elle durcit les légumes.*

9. — On doit faire bouillir et filtrer l'eau avant de la boire.

10. — L'eau est nécessaire à l'alimentation des animaux et des végétaux; elle sert aux soins de propreté, au blanchissage; elle forme les nuages, fait tourner des roues, marcher des locomotives, etc.

12. — **L'oxygène** *avive les combustions*. On le retire en exposant au soleil dans l'eau des plantes vertes aquatiques.

15. L'hydrogène *brûle*, mais ne fait pas brûler. Enflammé à l'air, il *détone*. On le retire en décomposant l'eau acidulée à l'aide du zinc.

Il est 14 fois plus léger que l'air.

18. — L'air *est un gaz composé de 4/5 d'azote et 1/5 d'oxygène.* L'air atmosphérique renferme en outre de l'acide carbonique, de la vapeur d'eau et des poussières de tous genres.

19. — L'air est indispensable à la vie des animaux et des végétaux.

21. — L'azote seul est impropre à la vie, il ne brûle pas et ne permet pas les combustions.

Questionnaire. — 1. Qu'étudie-t-on en Chimie? — 2. Sous quels états se présente l'eau? — 3. Est-elle un corps simple? — 4. Rappelez la décomposition de l'eau par la pile. — 5. De quoi l'eau est-elle formée? — 6. Que trouve-t-on en outre dans l'eau naturelle? — 7. Qu'est-ce qu'une eau potable? — 8. A quoi reconnait-on qu'une eau n'est pas potable? — 9. Pourquoi faut-il faire bouillir et filtrer l'eau que nous buvons? — 10. Qu'entend-on par eau minérale? Citez-en. — 11. A quoi l'eau sert-elle? — 12. Quelle est la propriété la plus saillante de l'oxygène? — 13. Comment fait-on pour en retirer quelques éprouvettes? — 14. Que savez-vous sur l'hydrogène? — 15. Est-il combustible? — 16. Lourd? — 17. Comment préparez-vous l'hydrogène? — 18. Que produit un mélange d'air et d'hydrogène en flammé? — 19. De quoi est composé l'air? — 20. Quelle est sa couleur? — 21. Pourquoi entretient-il les combustions? — 22. Que renferme l'air ordinaire? — 23. A quoi sert l'air? — 24. Indiquez des propriétés de l'azote

CHAPITRE II

SOLIDES COMBUSTIBLES. — LE CHARBON

22. — Le Charbon est très varié d'aspect, de couleur et de consistance, il y en a de très dur et de blanc, de très mou et de noir : puisque le diamant, le charbon de terre et la tourbe sont des charbons. A quoi donc reconnaît-on qu'un corps est charbon ou mieux *Carbone?* Toutes les fois qu'un corps en brûlant dans l'air produit le gaz acide carbonique, c'est un carbone; on ne s'arrêtera pas aux autres propriétés. On a reconnu que du diamant brûlant dans un ballon plein d'oxygène ne donnait que de l'acide carbonique sans presque laisser de cendre, on a dit alors que le diamant est du carbone presque pur; et un carbone sera d'autant plus impur que brûlant dans l'air il laissera plus de cendre.

Les variétés de charbons sont, ou bien toutes formées dans la nature, ou fabriquées; de là deux espèces de charbons : les *Charbons naturels* et les *Charbons artificiels*.

23. — Les principaux charbons naturels, en commençant par le plus pur, sont : le *Diamant*, la *Plombagine*, la *Houille* et la *Tourbe*.

24. — Le **Diamant** (*fig.* 251) est le plus dur de tous les corps, il peut les rayer tous; quand il est blanc, il sert en bijouterie à cause de ses feux. Le diamant ordinaire sert à couper le verre, à creuser des trous dans le granit pour en faire sauter les blocs, afin de livrer passage soit à des routes, soit à des chemins de fer.

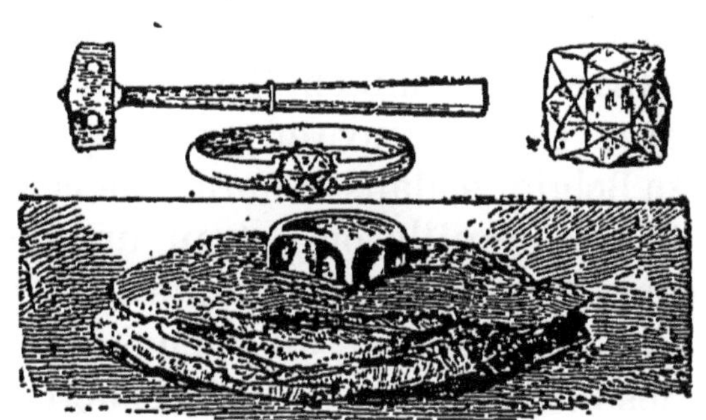

Fig. 251. — Diamant brut enfermé dans sa gangue pierreuse; en haut, à droite, diamant taillé; à gauche, diamant du vitrier, diamant serti dans une bague.

25. — La **Plombagine** appelée encore mine de plomb, mais ne contenant pas de plomb, est le corps qui nous sert quand nous écrivons au crayon; elle sert encore, réduite en poudre, à faire briller les plaques de cheminées, les poêles de fonte et les tuyaux de tôle.

26. — La **Houille** ou *Charbon de terre* est le charbon le plus utile, c'est lui qui chauffe le foyer des usines, qui anime les chemins de fer, qui alimente le fourneau de la cuisine. Son utilité est telle, surtout à mesure que les forêts s'épuisent, qu'on a pu l'appeler avec juste raison le pain de l'industrie. C'est un charbon qu'on extrait de la terre en creusant des galeries (*fig.* 252). Il est le résultat d'une décomposition particulière des végétaux qui croissaient sur la terre à des époques bien reculées de la nôtre, et la preuve c'est qu'on y rencontre fréquemment des empreintes de feuilles et de tiges. On en trouve en grande quantité en Angleterre, en Belgique, dans le nord et le centre de la France.

Fig. 252. — Galeries d'extraction de la houille.

De la Houille on extrait une grande quantité de corps tout à fait différents : du gaz d'éclairage, du coke, du goudron, du phénol, des couleurs, des bougies fines, etc., et même du sucre.

27. — La **Tourbe** se retire des endroits marécageux (*fig.* 253), elle est produite par la décomposition des végétaux qui croissent dans les marais. C'est un mauvais combustible, chauffant peu et dégageant beaucoup de fumée.

Fig. 253. — Extraction de la tourbe.

28. — Les **Charbons artificiels**, ceux qu'on retire

des corps qui en contiennent, sont: le *Coke*, le *Charbon de bois*, le *Noir de fumée*, le *Noir animal*.

Le **Coke** est ce qui reste de la Houille quand on en a retiré le gaz de l'éclairage; on dit que c'est un des résidus de la distillation de la Houille. C'est un très bon combustible.

Fig. 254. — Fabrication du charbon de bois.

29. — Le **Charbon de bois** se fabrique dans les forêts. On entasse des branchages de bois qu'on recouvre de terre, de mottes de gazon, etc. (*fig.* 254), puis, par une cheminée centrale, on y met le feu. Mais, comme l'air n'y est pas à profusion, le bois ne brûle pas complètement, il se noircit et laisse partir seulement l'eau qu'il contenait. Ce charbon est très utilisé dans nos fourneaux de cuisine; il est également très bon pour purifier l'eau, aussi emploie-t-on souvent des filtres à charbon. Nous pouvons en fabriquer un à peu de frais. On prend un grand pot de grès et l'on introduit jusqu'en *a* (*fig.* 255) une planche circulaire percée de trous; au-dessus on dispose des couches alternatives de gravier lavé et de charbon de bois concassé; on recouvre le tout d'une autre planche *b* percée de trous. Puis, au-dessus, on verse l'eau à purifier, on tire l'eau filtrée au bas.

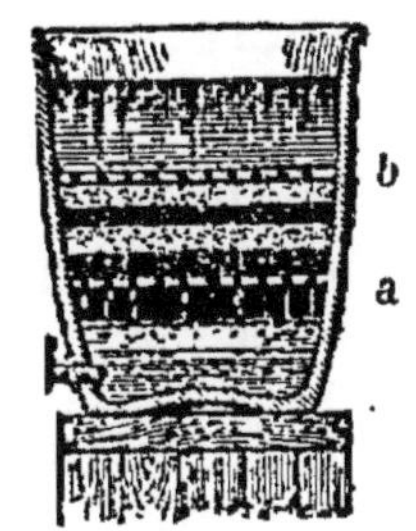

Fig. 255. — Filtre à charbon.

30. — Le **Noir de fumée** est très abondant dans la

fumée résultant de la combustion des matières résineuses; c'est lui qui constitue la suie qui s'amasse dans les cheminées; c'est lui qui brûle dans les feux de cheminées. Avec le noir de fumée fin on fait l'encre de Chine et l'encre d'imprimerie.

Fig. 256. — Décoloration par le noir animal.

31. — Le Noir animal se trouve dans les os du squelette des animaux. Pour l'en tirer, on enferme les os dans de grands vases qu'on ferme et qu'on chauffe fortement. Le corps qu'on obtient après cette calcination contient très peu de charbon, il est vrai, mais possède la propriété de décolorer. Ainsi, en agitant du vin avec cette matière concassée et en le filtrant (*fig.* 256), il passera tout à fait incolore; on utilise surtout cette propriété pour clarifier le jus de betterave dans la fabrication du sucre.

Nous voyons combien le Carbone est abondant dans la nature; ses combinaisons sont presque infinies, nous allons en signaler quelques-unes.

QUELQUES COMPOSÉS DU CARBONE.

32. — Le Carbone en brûlant à l'air se combine avec l'oxygène pour former deux gaz : l'*Oxyde de carbone* et l'*Acide carbonique*.

Il forme l'oxyde de carbone quand il se combine avec peu d'oxygène; il forme l'acide carbonique si la combustion est active.

L'Oxyde de carbone résultant de la combinaison du charbon avec un peu d'oxygène est un gaz très dangereux à respirer, c'est un poison violent qui amène rapidement la mort. Comme il se forme toutes les fois qu'un charbon brûle, que c'est lui qui *brûle bleu* dans la flamme du charbon, il faut le laisser s'échapper dans la cheminée et se bien garder d'allumer des charbons dans un fourneau placé au milieu de l'appartement. De là le danger d'employer les poêles dits à combustion lente. Car, si la combustion y est lente, l'arrivée de l'air s'y fera en petite quantité et le charbon formera surtout de l'oxyde de carbone, tandis qu'il aurait formé de l'acide carbonique si l'arrivée de l'air avait été laissée libre; et si alors la fermeture du poêle n'est pas absolue, il y aura déperdition du gaz mortel dans l'appartement.

33. — L'**Acide carbonique** n'est pas, lui non plus, bon à respirer, mais il n'est pas un poison; on ne peut pas le respirer parce qu'il n'est pas de l'air. Il est formé, avons-nous dit, de carbone et d'oxygène en plus grande quantité que l'oxyde de carbone.

Il ne brûle pas et n'est pas capable d'entretenir des combustions; pour constater ces deux propriétés, nous allons d'abord en préparer quelques éprouvettes. Nous prendrons pour cela un corps qui en contient en assez grande quantité et nous décomposerons ce corps. Prenons de la craie : son nom chimique est *Carbonate de chaux*, et veut dire : sel formé d'acide carbonique et de chaux, et versons dessus quelques gouttes d'un acide que nous avons déjà employé, l'acide sulfurique; nous verrons aussitôt un bouillonnement se produire, c'est l'acide carbonique qui se sauve, chassé par l'acide sulfurique plus fort que lui et qui veut prendre sa place auprès de la chaux.

34. — Pour le recueillir, on dispose l'appareil comme pour la préparation de l'hydrogène (*fig.* 250).

Au fond du flacon on met quelques morceaux de craie, de l'eau à moitié, on bouche avec le bouchon à deux trous muni de ses deux tubes; dès qu'on verse l'acide sulfurique dans le tube central, l'acide carbonique se dégage et on le recueille comme l'hydrogène dans des éprouvettes d'abord pleines d'eau.

35. — En approchant une allumette enflammée de l'éprouvette tenue l'ouverture en haut, on ne voit pas le gaz s'enflammer; en enfonçant l'allumette dans l'éprouvette, elle s'éteint : nous vérifions bien ainsi les propriétés que nous avions signalées plus haut.

36. — On montre que ce gaz est *plus lourd que l'air* en abouchant deux éprouvettes contenant l'une de l'acide carbonique, l'autre de l'air : l'acide carbonique se portera toujours dans l'éprouvette inférieure, c'est l'allumette qui nous le montrera encore, en s'éteignant cette fois lorsqu'elle sera plongée dans l'acide carbonique.

37. — De même que nous avons extrait l'acide carbonique du carbonate de chaux, de même nous pourrons reformer du carbonate de chaux en combinant de l'acide carbonique et de la chaux. Nous prendrons pour cela de la chaux très divisée, à l'état de dissolution dans l'eau, de l'*eau de chaux*. (Pour faire cette eau, on agite de la chaux dans de l'eau et on la filtre; elle passe alors tout à fait incolore, quoique contenant un peu de chaux, comme l'eau sucrée qui contient cependant du sucre.) Si dans cette eau de chaux nous faisons passer le gaz acide carbonique qui s'échappe de notre flacon (*fig.* 257), nous la verrons se troubler, devenir lai-

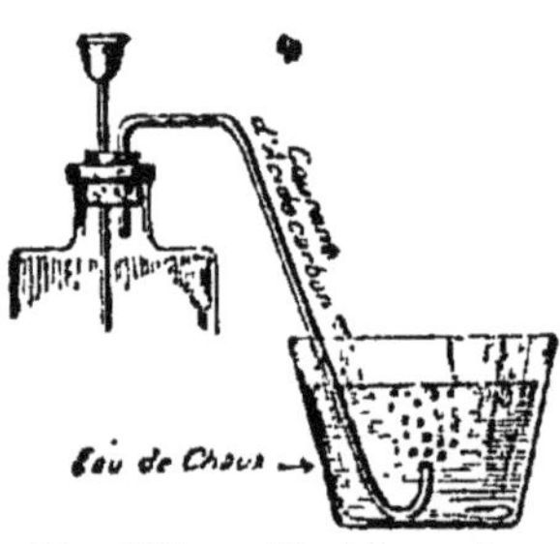

Fig. 257. — L'acide carbonique trouble l'eau de chaux.

teuse et présenter des espèces de grumeaux qui ne sont autre que du carbonate de chaux.

38. — C'est même un moyen de nous assurer qu un des produits de notre expiration est de l'acide carbonique : il nous suffit de souffler par un tube de verre dans l'eau de chaux pour la voir se troubler comme tout à l'heure, par le passage de l'acide carbonique.

39. — Il n'est donc pas étonnant de trouver de l'acide carbonique dans l'air, puisque la respiration de tous les animaux en dégage. Il s'en produit encore toutes les fois qu'une matière fermente ; de là les nombreux cas d'asphyxie signalés dans les pressoirs où l'on comprime le raisin pour en faire le vin, ou les pommes pour en faire le cidre, car ces deux liquides sont le résultat d'une fermentation du liquide sucré qui s'échappe des fruits pressés.

40. — Comment se fait-il alors qu'il y ait encore de l'air dans l'air et que tout ne soit pas acide carbonique, depuis le temps que les animaux respirent et que les substances fermentent ? c'est que les végétaux sont là qui accomplissent leur œuvre de salubrité : la partie verte des végétaux décompose, pendant le jour, l'acide carbonique contenu dans l'air en carbone qu'elles absorbent pour former leur bois, et en oxygène qu'elles restituent à l'air. Nous l'avons déjà vu quand nous avons préparé l'oxygène. Voilà pourquoi l'air de la campagne est si sain : c'est que d'abord s'y déverse moins que dans les villes de l'acide carbonique, et qu'il y a là plus de verdure pour fournir à l'air de l'oxygène vivifiant.

41. — L'acide carbonique est agréable à boire lorsqu'il est dissous dans l'eau, c'est lui qui donne la saveur agréable à l'eau de Seltz, et qui fait pétiller le vin de Champagne.

42. Gaz des marais. Gaz de l'éclairage. — Le carbone n'est pas seulement capable de se combiner avec l'oxygène, il s'unit aussi à l'hydrogène. Ces combinaisons sont très nombreuses dans la nature : le sucre, la viande, le caoutchouc, l'alcool, etc., sont du charbon combiné à l'hydrogène et à l'oxygène.

Fig. 258. — Le gaz des marais se dégage en agitant la vase avec un bâton.

Lorsqu'on vient à agiter la vase des marais, on en voit sortir des bulles qui s'élèvent à la surface de l'eau; si on les recueille (*fig.* 258) dans un flacon muni d'un entonnoir, on peut constater que le gaz ainsi obtenu est combustible, comme l'hydrogène, et que, comme lui, il détone à l'approche d'une bougie allumée. C'est un composé de carbone et d'hydrogène appelé communément *gaz des marais;* il est produit par la décomposition des matières végétales. C'est lui qui se dégage souvent dans les mines de houille et qui, accidentellement enflammé par la lampe des mineurs, y produit les terribles explosions de *feu grisou* (*fig.* 259).

Fig. 259. — Explosion de feu grisou.

43. — Un proche parent de ce gaz, que nous savons domestiquer en le conduisant dans des tuyaux, est le *gaz de l'éclairage*. On le retire des gaz qui s'échappent de la houille chauffée en vases clos. Il a les mêmes propriétés que le gaz des marais, aussi a-t-on soin de ne jamais laisser ouverts les robinets à gaz, pour éviter les explosions qui se produiraient certainement par le mélange de ce gaz avec l'air de la pièce, si l'on venait à l'enflammer. Heureusement que son odeur désagréable et forte signale sa présence lorsqu'il est répandu dans un espace fermé.

44. — Pour préparer le gaz d'éclairage, on enferme la houille dans de grands cylindres en poterie ou en fonte que l'on chauffe au point de les rougir. Sous l'influence de cette puissante chaleur, la houille se décompose et laisse échapper une grande quantité de gaz noircis par des goudrons, du noir de fumée, etc. On sépare ces matières solides du gaz entraîné en l'obligeant à passer dans de l'eau maintenue toujours froide et enfin en le faisant filtrer à travers du coke. Enfin, à l'aide de produits chimiques différents, on enlève à ce gaz très composé les gaz trop insalubres et ceux qui nuiraient à son pouvoir éclairant. Il est bien entendu que toutes ces opérations sont faites dans des appareils bien fermés et dans lesquels l'air ne peut pas pénétrer. Enfin le gaz, tout à fait épuré, est reçu dans une grande éprouvette nommée *gazomètre*, d'où on le distribue par des tuyaux, dans nos rues pour les *éclairer*, et jusque dans nos maisons pour nous

Fig. 260. — Extraction du pétrole.

chauffer, faire cuire nos aliments ou nous donner de la lumière.

45. **Pétrole.** — Le Pétrole est encore un composé de carbone et d'hydrogène. C'est un liquide qui résulte de la purification du **Naphte**, matière huileuse qu'on trouve dans le sol, à l'état de lacs souterrains, en Russie et en Amérique (*fig.* 260). Il est d'un grand usage pour l'éclairage de nos appartements.

SOUFRE — PHOSPHORE.

46. — Le **Soufre** est un solide jaune que l'on trouve dans le commerce, ou en pains ayant la forme de canons, ou en poudre qu'on appelle *fleur de Soufre*. Ce corps combustible se trouve tout formé dans la nature, mélangé aux terres qui avoisinent les volcans. Comme il s'enflamme assez facilement, on s'en sert pour faire la poudre de chasse; pour allumer le bois des allumettes, c'est lui qui en entoure le bout. On emploie également la fleur de Soufre pour soufrer les vignes, au printemps, afin de les préserver de l'oïdium (*fig.* 261); pour soigner certaines maladies de peau.

Fig. 261. — Soufrage des vignes.

47. — Lorsqu'on enflamme du Soufre à l'air, il forme avec l'oxygène un gaz, l'*Acide sulfureux*, à odeur très forte et désagréable qu'il vous est certainement

arrivé de respirer, quand votre nez s'est trouvé au-dessus d'une allumette que vous veniez d'enflammer. Ce gaz a des propriétés décolorantes : si dans ce gaz qui s'échappe dans la combustion du bout d'allumette nous plaçons une violette, elle deviendra blanche (*fig.* 262). A Lyon, on utilise cette propriété pour blanchir la laine et la soie écrues. On l'emploie également et de la même façon, pour désinfecter les habitations qui ont été occupées par des malades atteints de maladies contagieuses.

Fig. 262. — L'acide sulfureux décolore la violette.

48. — Le Soufre se combinant avec une plus grande quantité d'oxygène, donnerait naissance à l'*Acide sulfurique.* Cet acide est un liquide qu'on ne doit manier qu'avec la plus grande prudence, c'est lui qu'on appelle communément *Vitriol.* Il brûle la peau, carbonise le bois, ronge les métaux; à cause de sa force, cet acide est le corps le plus employé par les chimistes.

49. — Lorsque l'acide sulfurique se combine avec le Fer ou le Cuivre oxydés, il forme les sels nommés *Sulfate de fer* ou *Sulfate de cuivre.* Le sulfate de fer se présente sous forme de cristaux verts. Il sert à préparer l'encre ordinaire, le bleu de Prusse; il fournit les teintures noir et violet; c'est surtout un *désinfectant* énergique. Le *Sulfate de cuivre* est d'un beau bleu; il sert à teindre en lilas, en violet et en noir; l'agriculture l'emploie pour *chauler* le blé, c'est-à-dire pour détruire un petit champignon qui se développe sur le grain.

50. — Le **Phosphore** est encore un solide combustible qui nous sert dans la fabrication des allumettes, c'est lui qui, rougi ou bleui, forme le bout de l'allumette. Il brûle si facilement que le frottement seul dégage une chaleur suffisante pour l'enflammer ; il communique alors sa chaleur au soufre et celui-ci au bois.

On trouve le Phosphore dans les os des animaux ; il s'y trouve là à l'état de sel : *Phosphate de chaux.*

51. — Comme pour le Charbon et le Soufre, quand on enflamme le Phosphore à l'air, il se dégage un acide, qui cette fois s'appelle *Acide phosphorique.*

52. Acides. — Les phénomènes que nous venons de signaler sont maintenant suffisants pour que nous sachions ce qu'est un *acide.* Il s'en est toujours produit dans la combinaison du Carbone, du Soufre, du Phosphore avec l'Oxygène. Tous ces acides possèdent à un degré plus ou moins prononcé, lorsqu'ils sont dissous dans l'eau, le goût du vinaigre et, *versés dans de la teinture bleue de tournesol, ils la font devenir rouge.*

Résumé.

22. — Un corps est **Charbon** *si, en brûlant dans l'air, il produit de l'acide carbonique.*

23. — Les **Charbons naturels** sont le *Diamant*, le plus dur de tous les corps ; la *Plombagine* employée dans les crayons ; la *Houille* ou *Charbon de terre*, combustible par excellence ; la *Tourbe*, charbon des marécages.

27. — Les **Charbons artificiels** sont le *Coke*, résidu de la distillation de la houille dans la fabrication du gaz de l'éclairage ; le *Charbon de bois* provenant de la combustion incomplète du bois ; le *Noir de fumée* ou suie servant à la fabrication de l'encre de Chine ; le *Noir animal* extrait des os, décolorant le jus sucré de la betterave.

32. — **L'Oxyde de carbone** provient de la combinaison du carbone avec un peu d'oxygène ; il brûle avec une flamme bleue ; c'est un poison violent se produisant dans les combustions lentes.

33. — **L'Acide carbonique** est formé de carbone et, de plus, d'oxygène ; *il n'est pas combustible et ne permet pas les*

combustions. On le prépare en le retirant du carbonate de chaux à l'aide d'un acide.

Ce gaz est *plus lourd que l'air*.

37. — On reconnait sa présence à l'aide de l'*eau de chaux* dans laquelle il produit du carbonate de chaux.

39. — Ce gaz irrespirable se produit dans l'expiration et dans les fermentations. L'air en est purifié grâce à la partie verte des végétaux qui, décomposant l'acide carbonique, absorbe le carbone pour laisser l'oxygène.

42. — *Le Carbone combiné à l'Hydrogène forme le gaz des marais et le gaz de l'éclairage*. Tous deux détonent lorsque, mélangés à l'air, ils sont enflammés.

43. — Le **Gaz d'éclairage** se retire de la distillation de la houille.

45. — Le **Pétrole** s'extrait du Naphte, huile naturelle tirée du sol.

46. — Le **Soufre** se trouve dans les terres qui avoisinent les volcans. Combiné à l'Oxygène, il donne l'*Acide sulfureux* aux propriétés décolorantes, et l'*Acide sulfurique* ou *Vitriol*, le plus énergique des acides.

49. — L'acide sulfurique, combiné avec l'oxyde de fer ou de cuivre, donne le *Sulfate de fer* vert ou de *cuivre* bleu, employés en teinture et en agriculture.

50. — Le **Phosphore** s'extrait des os; il s'enflamme très facilement; combiné avec l'Oxygène, il donne l'*Acide phosphorique*.

52. — Un **Acide** est la *combinaison du Carbone, du Soufre, du Phosphore* et de quelques autres corps simples *avec l'Oxygène*. Il a la propriété de rougir la teinture bleue de tournesol.

Questionnaire. — 1. A quoi reconnaît-on qu'un corps est Carbone? — 2. Citez les Charbons naturels par ordre de pureté et signalez quelques-unes de leurs propriétés? — A quoi sert la Houille? — 3. D'où vient le Coke? — 6. A quoi sert le Charbon de bois? — 6. Le Noir de fumée? — 7. Le Noir animal? — 8. De quoi sont formés l'Oxyde de carbone et l'Acide carbonique? — 9. L'Oxyde de carbone brûle-t-il? Est-il bon à respirer? — 10. Quand se produit-il de l'Acide carbonique? — 11. Comment agissent les végétaux pour purifier l'air? — 12. Que savez-vous du gaz des marais, du gaz d'éclairage? — 13 Comment se prépare le gaz d'éclairage? — 14. De quel corps tire-t-on le Pétrole? — 15. Où trouve-t-on le Soufre? — 16. A quoi sert-il et que forme-t-il en brûlant à l'air? — 17. Que savez-vous de l'acide sulfurique? — 18. Qu'est-ce que le sulfate de fer et de cuivre? A quoi servent-ils? — 19. D'où tire-t-on le Phosphore? — 20. Qu'est-ce qu'un acide?

CHAPITRE III

MÉTAUX

53. — Le Fer, le Cuivre, le Plomb, l'Or, l'Argent, etc., voilà des métaux. Tous les métaux sont des *solides*, sauf le Mercure que nous savons être liquide; ils sont tous *brillants*, et ce sont tous des *corps simples*. Ils sont pour nous d'une bien grande utilité : un peuple est d'autant plus civilisé qu'il sait mieux utiliser les métaux.

54. — Les métaux dits *usuels* sont ceux qu'on emploie en plus ou moins grande quantité, qui sont très abondants dans la nature et avec lesquels on fabrique nos instruments de travail. Tels sont : le *Fer*, le *Zinc*, le *Plomb*, l'*Étain*, le *Cuivre*.

55. — Tous ces métaux usuels s'altèrent plus ou moins à l'air humide en se combinant avec l'oxygène de l'eau : par exemple, le Fer qui devient rouille à l'air humide.

56. — On les trouve très rarement à l'état de métaux purs dans le sol, on les extrait de *minerais*, qui ne sont autre chose que ces métaux combinés soit à l'oxygène, soit à l'acide carbonique, soit au soufre. Le traitement des minerais pour en extraire les métaux constitue une branche d'industrie très développée dans le centre de la France, qu'on appelle la *Métallurgie*.

57. Fer. — Le Fer a des minerais très nombreux et très variés; on les transforme en fer en les chauffant très fortement, mélangés à du charbon dans d'immense fourneaux (*fig.* 263) appelés *hauts-fourneaux*. Le Fer est le plus employé de tous les métaux, soit à l'état de *fonte*, soit à l'état d'*acier*. Mais nous avons vu que ce corps exposé à l'air humide se transformait peu à peu en rouille, qui est loin d'avoir la même consistance que le Fer; pour éviter cette détérioration, on isole le Fer de l'action de l'humidité en le recouvrant soit d'une épaisse couche de peinture, soit d'une couche d'étain et il prend alors le nom de *Fer-blanc*, soit d'une épaisseur de zinc, surtout pour les fils de fer, et il s'appelle ainsi *Fer galvanisé*.

Fig. 263. — Hauts-fourneaux.

La *fonte* et l'*acier* sont des combinaisons du Fer avec un peu de Charbon : la fonte contenant plus de charbon que l'acier.

58. — Le Fer est surtout employé à l'état de fonte ou d'acier, et alors ses usages sont très variés.

Pour faire les colonnes de fonte, les grosses pièces des machines, les grilles, les charpentes des ponts et des édifices, les ustensiles de cuisine, etc., on conduit directement la fonte qui coule des hauts fourneaux dans des moules.

Avec l'acier ordinaire on fait des rails de chemins de fer, des ressorts de voitures, des scies, des lames d'épées; quand l'acier est plus fin, il sert à faire des canons, des projectiles de guerre, les coques des navires cuirassés ; avec l'acier fondu on fait la fine coutellerie, les burins, les ressorts de montres.

59. Zinc. — Le Zinc s'extrait également de minerais assez abondants en Angleterre, en Allemagne et en Belgique. C'est surtout réduit en feuilles à l'aide du laminoir (*fig.* 264) que le Zinc est employé à la couverture des toits, à la confection des gouttières, tuyaux de descente des eaux, réservoirs, baignoires, etc. Mais il n'est pas employé à la confection des ustensiles de cuisine, car avec les acides il forme des composés vénéneux.

Fig. 264. — Laminoir.

60. Étain. — L'Étain est très blanc et assez mou. On l'emploie, réduit en feuilles très minces, pour entourer les substances qui craignent l'humidité, le chocolat, le thé, etc. Combiné au Plomb, il sert à faire ce qu'on appelle la poterie d'Étain (*fig.* 265). Il sert également à étamer les glaces. C'est lui qui sert à étamer les casseroles de cuivre de la cuisine. Il ne faut pas, en effet, que les aliments cuisent au contact du cuivre, parce que les sels que celui-ci

Fig. 265. — Poterie d'étain.

forme sont vénéneux; aussi met-on à l'intérieur de ces casseroles une couche d'Étain fondu qui, lui, ne s'oxyde pas.

61. Plomb. — Le Plomb est encore un métal mou, fondant facilement. Il est employé à la fabrication des grains et des balles de fusil de chasse, des tuyaux de conduite des eaux ou du gaz d'éclairage, à la confection des alliages des caractères d'imprimerie et de la poterie d'étain. Tous ses composés sont vénéneux : par exemple le *blanc de céruse* servant en peinture.

62. Cuivre. — Le Cuivre est jaune ou rouge. Il s'altère rapidement à l'air humide pour former le *vert-de-gris*, substance très vénéneuse. Il est surtout employé à l'état d'alliage pour la fabrication du *bronze*, qui est formé de Cuivre et d'Étain ; et du *laiton*, formé de Cuivre et de Zinc.

63. — Les **métaux précieux** : le *Mercure*, l'*Argent*, l'*Or*, le *Platine*, ne s'altèrent pas à l'air ; aussi, sauf le Mercure, les trouve-t-on à l'état de pureté dans la terre, mais en petites quantités à la fois. Le *Mercure* sert à la construction de nombreux appareils de physique. L'*Argent* et l'*Or* forment, combinés au Cuivre, les alliages de nos monnaies et de la bijouterie. Le *Platine* pur sert également en bijouterie et, parce qu'il ne fond qu'à des températures très élevées, il est employé à la confection de petits creusets dans lesquels on fait fondre l'Or et l'Argent.

Résumé.

53. — Tous les métaux sont des *corps simples, solides*, sauf le Mercure.

54. — Les *métaux usuels* sont : le *Fer*, le *Zinc*, l'*Étain*, le *Plomb*, le *Cuivre*. Ils s'altèrent tous plus ou moins à l'air humide.

56. — On les trouve dans le sol à l'état de *minerais*.

57. — Le *Fer* se retire de ses minerais chauffés avec du charbon dans des *hauts-fourneaux*. Des variétés de Fer sont la *Fonte* et l'*Acier*. Pour empêcher le Fer de se rouiller, on le recouvre de peinture, ou d'étain, ou de zinc.

59. — Avec le *Zinc* laminé on fait des gouttières, réservoirs, baignoires; mais on ne l'emploie pas pour la confection d'ustensiles de cuisine.

60. — L'*Étain* en feuilles minces préserve de l'humidité le chocolat, le thé, etc. Il sert à faire la poterie d'Étain et à étamer les glaces et les casseroles de Cuivre de la cuisine.

61. — Le *Plomb* sert à faire des tuyaux pour le gaz et les eaux, tous ses composés sont vénéneux.

62. — Le *Cuivre* se recouvre de *vert-de-gris* à l'air humide. Allié à l'Or et à l'Argent, il constitue les *monnaies;* avec l'Étain il forme le *bronze*; avec le Zinc il constitue le *laiton*.

63. — Les *métaux précieux* sont le *Mercure*, l'*Or*, l'*Argent* et le *Platine*.

Questionnaire. — 1. Indiquez des propriétés générales des métaux? — 2. Nommez les métaux usuels? — 3. Que forment-ils tous à l'air humide? — 4. Sous quel état les trouve-t-on? — 5. Comment s'appelle l'industrie qui les prépare? — 6. Parlez du Fer? — 7. Comment le préserve-t-on de la rouille? — 8. Quels sont les nombreux usages du Fer à l'état de fonte ou d'Acier? — 9. Parlez du Zinc, de l'Étain, du Plomb, de leurs usages? — 10. Que forme le Cuivre à l'air? — 11. Pourquoi faut-il étamer les casseroles de Cuivre? — 12. Nommez les métaux précieux. — 13. Quels sont leurs usages?

CHAPITRE IV

PIERRES — TERRAINS

64. — Parmi les roches répandues en plus grande quantité dans le sol, on peut citer surtout un corps que les chimistes appellent un *sel :* le *Carbonate de chaux*. Il forme des roches plus ou moins épaisses (*fig.* 266). Il a de nombreuses variétés qui toutes possèdent la propriété de faire *effervescence avec les acides*, c'est-à-dire de produire des bouillonnements à leur surface quand on y laisse tomber quelques gouttes d'acide. Ces bulles sont dues au départ de l'acide

carbonique qui constituait, avec la chaux, le Carbonate de chaux. Les principales variétés de Carbonate de chaux ou calcaires sont : la *Pierre à chaux*, la *Pierre à bâtir*, la *Craie*, le *Marbre*, la *Pierre lithographique*.

Fig. 266. — Extraction de la pierre.

65. — La **Pierre à chaux** sert à fabriquer la chaux qui, mélangée avec du sable, est employée à souder les pierres de nos constructions. Il suffit, pour avoir de la chaux, de chauffer à l'air du Carbonate de chaux, opération qui se fait dans des *fours à chaux* (*fig.* 267).

66. — La **Pierre à bâtir** prend les noms de *Pierre de taille*, *Moellon* ou *Tuffeau*, suivant sa consistance.

Fig. 267. — Four à chaux.

Lorsque le calcaire est encore moins dur que le Tuffeau, qu'il peut s'écraser sous la pression des doigts, il prend le nom de *Craie* : c'est un calcaire blanc à grains très fins qui, suivant sa finesse, s'appelle Craie ou *blanc de Meudon*.

67. — Le **Marbre** est un calcaire à texture cristal-

line, c'est le plus dur des Carbonates de chaux. On le trouve tantôt blanc, comme à Carrare, et c'est celui qui est recherché par les statuaires, tantôt veiné de jaune, de rouge, de noir (*fig.* 268), couleurs produites par des oxydes métalliques mélangés au marbre. Comme il est susceptible d'acquérir un très beau poli, il sert à l'ornementation des édifices et des maisons : pour faire des colonnes, des escaliers, des cheminées, etc.

Fig. 268. — Marbre noir.

68. — La **Pierre lithographique** est un calcaire à grain très fin, susceptible également d'acquérir un poli. Elle remplit, en lithographie, le même rôle que le Cuivre pour la gravure

La Pierre lithographique est sciée en plaques épaisses, puis polie sur une face. On trace sur cette surface polie, à l'aide d'un crayon gras, les caractères ou les dessins qu'on désire reproduire (*fig.* 269), puis on verse sur la pierre un acide. Celui-ci attaque la pierre et la ronge, mais seulement aux endroits où l'acide est en contact avec elle, c'est-à-dire partout où le crayon gras n'a pas passé. Il reste alors une pierre qui présente en relief les caractères ou le dessin précédemment tracés. Lorsqu'on passera un rouleau enduit d'encre d'imprimerie sur cette pierre, l'encre ne se déposera que sur les reliefs, et pourra se fixer en-

Fig. 269. — Gravure sur pierre.

suite sur la feuille de papier qu'on pressera contre sa surface.

69. — La **Silice** est encore une roche très abondante et très variée. Quand elle est pure, elle s'appelle *Cristal de roche* (*fig.* 270); elle est très dure et transparente comme le verre. Ses principales variétés sont : le *Silex*, la *Pierre meulière*, le *Sable* et le *Grès*.

Fig. 270. — Cristal de roche.

70. — Le **Silex** ou *Pierre à fusil* est de la Silice souillée d'oxydes métalliques qui lui communiquent leur couleur brune ou rouge. Très dur, il raye l'acier; vivement choqué contre ce métal, il en détache une petite parcelle que la chaleur développée par le choc est suffisante pour rougir en produisant une étincelle; l'étincelle ainsi produite est utilisée pour enflammer l'amadou lorsqu'on *bat le briquet* (*fig*.271) : c'est l'étincelle, échappée à l'acier frappé par la pierre à fusil, qui enflammait la poudre dans les anciens fusils.

Fig. 271. — L'acier frappé par le Silex émet des étincelles.

71. — La **Pierre meulière** sert à faire des meules de moulins lorsqu'elle est très compacte; lorsqu'elle est caverneuse, et par conséquent moins lourde, elle est utilisée comme pierre de construction.

72. — Le **Sable** de la mer, des dunes, des landes, est généralement formé des débris de roches siliceuses.

73. — Le **Grès** peut être considéré comme l'agglomération de grains de sable siliceux soudés ensemble par un ciment siliceux, ou argileux, ou calcaire. Il

forme en certains endroits des masses considérables qu'on exploite, et qu'on emploie, à cause de sa grande dureté, au pavage des rues. C'est en grès que sont tous ces cubes pierreux connus sous le nom de *pavés*. Le grès est à grain d'autant plus fin que la poudre de silice qui le forme est elle-même plus impalpable.

74. — Puis viennent d'autres roches comme l'*Argile*, les *Schistes* et le *Mica*.

L'**Argile** est une roche terreuse se réduisant facilement en poudre lorsqu'elle est sèche, et formant une pâte plus ou moins liante lorsqu'elle est humectée. L'Argile pure ou *Kaolin* sert à la fabrication de la porcelaine; moins pure, elle forme les objets en faïence (*fig.* 272); avec les argiles communes ou *terres glaises* on fait les tuiles, poteries, briques, etc.

Fig. 272. — Fabrication des poteries.

75. — Les **Schistes** sont des roches à base d'argile qui peuvent facilement se séparer en feuillets parallèles. Quelques-uns sont sans consistance et tombent en poussière à l'air humide; mais il en est d'autres, les *Ardoises*, qui conservent, même réduites en feuilles minces, une solidité suffisante pour être employées à la couverture des toits. On tire les Ardoises du sol, soit dans les Ardennes, soit aux environs d'Angers et de Châteaulin.

76. — Le **Mica** se présente toujours sous l'appa-

rence de lames feuilletées, transparentes et nacrées, soit incolores, soit colorées en différents jaunes. Lorsqu'il est incolore, le Mica en feuilles sert, dans certaines contrées, à remplacer le verre à vitres ; on en fait des verres de lampes, des devants de foyers dans certains poêles, etc. C'est le Mica de couleur d'or qu'on emploie sous le nom de *poudre d'or* pour sécher l'écriture fraîche : il est trouvé sous cette forme, et en grande abondance, sur certaines plages où la mer le dépose.

ROCHES SÉDIMENTAIRES. — ROCHES IGNÉES.

77. — Toutes ces roches dont nous venons de causer se trouvent dans la terre en *bancs* plus ou moins épais, presque toujours par couches parallèles, souvent horizontales. Elles ont été formées des dépôts des boues en suspension dans les eaux, qui se sont plus ou moins solidifiées et cimentées par la suite, emprisonnant les débris des animaux qui vivaient dans les eaux dont elles formaient le lit. Ce sont ces roches qu'on appelle *sédimentaires*.

78. — Mais on désigne sous le nom de *roches ignées* ou éruptives, celles qui se sont formées sous l'action d'un feu violent, et rejetées soit à la surface de la terre, soit dans son épaisseur, lors des éruptions primitives que la chaleur centrale de notre globe a provoquées. Elles renferment de petits cristaux dont les débris se voient parfois dans les roches sédimentaires. Les principales roches ignées sont : le *Granit*, les *Porphyres*, les *Basaltes* et les *Laves*.

79. — Le **Granit** (*fig.* 273) est un agglomérat de particules plus ou moins divisées de Cristal de roche, de Mica et de Feldspath; c'est une roche très dure et employée pour cette raison à la confection des bordures des trottoirs; le Granit sert également de pierre de construction dans les villes qui avoisinent les lieux d'extraction de cette roche.

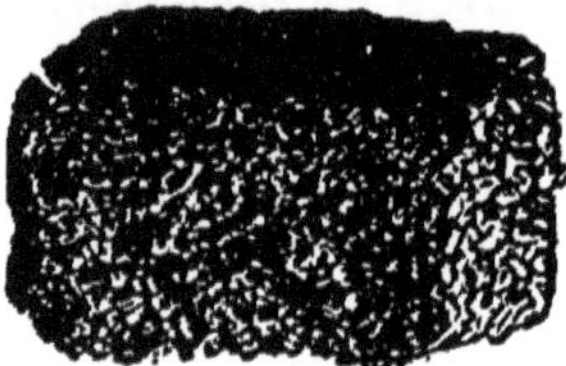
Fig. 278. — Granit.

80. — Le **Porphyre** contient en majeure partie du Feldspath : il présente l'aspect d'un nougat aux amandes. Le Porphyre, d'une grande dureté, diversement coloré, est susceptible d'acquérir un beau poli; comme le Marbre, il est employé à la décoration des édifices.

81. — Les **Basaltes** et les **Laves** sont des roches rejetées liquides dans les éruptions volcaniques. Lorsqu'elles sont solidifiées, elles sont assez résistantes pour pouvoir être employées au dallage des rues et à la construction des maisons. Le Basalte, très abondant dans le centre de la France, où il a été produit par les éruptions des volcans d'Auvergne éteints depuis longtemps, se présente souvent sous forme de colonnes à bases polygonales.

TERRES.

82. — La couche de terre plus ou moins épaisse qui recouvre notre globe est limitée de toutes parts, sauf du côté de l'air, par les roches dont nous venons de parler et qui lui servent d'appui, de support. Quelquefois cependant la roche émerge au-dessus de la terre.

Cette terre qu'on peut cultiver et qui, pour cette raison, est nommée terre *arable*, est formée de grains de roches diverses intimement mélangés. Ces poussières ont été enlevées aux rocs par l'action de la gelée qui les a fendus, par celle des eaux, de l'air et des acides naturels qui les ont pulvérisées ou dissoutes. Toute terre qui renferme la Silice, l'Argile et le Carbonate de chaux dans des proportions à peu près égales, est une terre éminemment fertile; et elle deviendra capable d'entretenir la vie des plantes, si elle contient en outre des débris végétaux et mieux un abondant *engrais*.

Une terre exclusivement argileuse est impropre à la culture, comme le serait une terre exclusivement siliceuse ou sableuse.

Résumé.

64. — Le *Carbonate de chaux* fait effervescence avec les acides. Il a de nombreuses variétés : *Pierre à chaux*, *Pierre à bâtir*, *Craie*, *Marbre*, *Pierre lithographique*.

65. — La *Pierre à chaux* calcinée fournit la *chaux*.

66. — La *Pierre à bâtir* s'appelle *Pierre de taille*, *Moellon*, *Tuffeau*, suivant sa consistance.

67. — Le *Marbre* est le plus dur des Carbonates de chaux; poli, il sert à l'ornementation des édifices.

68. — La *Pierre lithographique* est employée à la gravure sur pierre.

69. — La *Silice* pure est le *Cristal de roche*. Plus ou moins impure, elle fournit le *silex* ou Pierre à fusil; la *Pierre meulière* qui sert à faire les meules des moulins ou à construire les maisons; le *Sable* de la mer et le *Grès*.

74. — L'*Argile* pure est le kaolin employé à la fabrication des porcelaines; moins pure, elle forme les faïences, les tuiles et les poteries.

75. — Les *Schistes* durcis forment les ardoises.

76. — Le *Mica* est une pierre qui se coupe facilement en feuilles minces et transparentes; il peut remplacer le verre pour certains usages.

77. — Les roches *sédimentaires* sont formées par le dépôt des boues en suspension dans les eaux. C'est ainsi que se sont déposées celles que nous venons de nommer.

78. — Les roches *ignées* ont été rejetées dans les éruptions volcaniques, elles se composent de petits cristaux appartenant aux roches sédimentaires. Elles ne forment pas des tranches parallèles. Telles sont le *Granit*, le *Porphyre*, les *Laves*.

79. — Le *Granit* est employé à la confection des bordures de trottoirs et même à la construction des maisons.

80. — Le *Porphyre* ressemble à un nougat aux amandes; poli, il est employé comme le marbre à la décoration des édifices.

81. — Les *Laves*, abondantes dans le centre de la France, sont employées au dallage des rues et à la construction des maisons.

82. — La *terre* est formée de poussières de toutes espèces de roches auxquelles se trouvent mêlés des débris végétaux ou animaux.

Questionnaire. — 1. A quoi reconnait-on qu'une pierre est un Carbonate de chaux? — 2. Nommez les variétés de Carbonate de chaux. — 3. A quoi sert la Pierre à chaux. — 4. Indiquez des Pierres à bâtir. — 5. Que savez-vous des Marbres? — 6. Comment grave-t-on sur pierre? — 7. Comment se nomme la Silice pure? — 8. Que savez-vous du Silex? de la Pierre meulière? — 9. Comment se nomme l'Argile pure et à quoi sert-elle? — 10. A quoi sont employées les Argiles impures? — 11. Nommez un Schiste? — 12. Que savez-vous du Mica? — 13. Comment se sont formées les roches sédimentaires? — 14. Qu'entend-on par roches ignées? — 15. Que renferment-elles? — 16. Que savez-vous du Granit, du Porphyre, des Laves? — 17. De quoi est formée la terre arable? — 18. Que doit-elle toujours renfermer pour être fertile?

DEVOIRS DE RÉDACTION

L'HOMME ET LES ANIMAUX.

1. — Indiquer les principaux os de la charpente de l'homme (ceux de la tête, du tronc, des membres supérieurs, des membres inférieurs, en signalant leurs positions relatives). (Pages 4, 5, 6).

2. — Comment les os sont-ils reliés entre eux? Comment peuvent-ils se mouvoir? (Ligaments, muscles, peau). (Pages 6, 7).

3. — Indiquer, en les décrivant sommairement, les organes qui forment ce qu'on appelle l'appareil digestif. (Page 10).

4. — Quelles transformations subissent nos aliments pendant les différents actes de la digestion. (Dans la bouche, l'estomac, l'intestin grêle). (Pages 11, 12, 13).

5. — Comment nos aliments vont-ils jusque dans nos pieds et dans nos cheveux? Où se fait le passage et comment se fait-il? (Pages 12, 13).

6. — Que savez-vous sur le sang? Quel organe le fait circuler dans notre corps. Indiquez le trajet du sang depuis son départ du ventricule gauche jusqu'à son retour dans ce même ventricule. (Pages 16, 17, 18, 19).

7 — De quoi se compose l'appareil respiratoire chez l'homme? Indiquez le but de la respiration. (Pages 20, 21).

8. — Tous les animaux respirent-ils de la même façon que l'homme, grâce à un appareil de même disposition? Ont-ils une respiration aussi active? Quel effet produit la lenteur de respiration? (Pages 65, 69, 71).

9. — Revision : Quels sont, chez l'homme, les organes de la digestion, de la respiration, de la circulation? Dites quelques mots sur chacun de ces organes et sur la manière dont s'accomplissent ces différentes fonctions de la vie. (Pages 10 et suivantes).

(Certificat d'études, Saône-et-Loire, 1892).

10. — De quoi se compose le système nerveux et quelles sont ses fonctions? Montrez-le par des exemples. (Pages 24, 25, 26).

11. — Combien l'homme a-t-il de sens? Indiquez les organes de chacun de ces sens et décrivez-les sommairement. (Page 26).

12. — Signalez l'utilité d'une classification pour l'étude des animaux. Indiquez en combien d'embranchements, puis de classes sont divisés les animaux, en nommant deux animaux de chaque groupe. (Pages 40 et suivantes).

13. — Donnez les caractères généraux de chacun des ordres des Mammifères, depuis les Singes jusqu'aux Herbivores en nommant les principaux animaux de chaque ordre. (Pages 43 à 50).

14. — Donnez les caractères généraux de chacun des ordres des Mammifères depuis les Herbivores jusqu'à la fin. (Pages 50 à 57).

15. — Dites ce que vous savez sur les Oiseaux. Pour indiquer leurs caractères généraux, comparez un Oiseau à un Mammifère. (Pages 57, 58, 59).

16. — Quels caractères communs présentent les Reptiles; en combien de groupes les avons-nous divisés et quels sont les Reptiles de chaque groupe. (Pages 64 à 68).

17 — Quels animaux contient la classe des Batraciens? Décrivez les métamorphoses de la Grenouille. Tous les Batraciens ont-ils des métamorphoses aussi complètes. (Pages 68, 69, 70).

18 — Parlez des Poissons : caractères généraux, respiration, habitudes, formes, etc. (Pages 71, 72).

19. — Quelles différences trouvez-vous entre un Annelé et un Vertébré; établissez vos différences en choisissant deux de ces animaux? Quelles sont les principales classes des Annelés? Nommez deux animaux de chacune de ces classes. (Pages 73 et suivantes).

20. — Parlez des Insectes; indiquez leurs caractères généraux. Sont-ils ordinairement utiles ou nuisibles? (Pages 74 et suivantes).

21. — En quoi les Araignées diffèrent-elles des Insectes? Sont-elles venimeuses? Citez-en quelques espèces? (Pages 78 et 79).

22. — Parlez des Vers. Citez des Vers parasites de l'homme et signalez les dangers qu'ils nous causent? (Pages 80, 81).

23. — Signalez les différences qui existent entre les Mollusques et les Annelés. Dites ce que vous savez des Mollusques? (Pages 82, 83).

24. — Que savez-vous des Zoophytes? Pourquoi s'appellent-ils ainsi, ou Rayonnés? Formes, organes, habitudes, etc. (Pages 84, 85).

25. — De quelles façons les animaux peuvent-ils nous être nuisibles? Indiquez les animaux nuisibles. (Pages 87, 88).

26. — Dites quels services rendent les animaux domestiques que l'on trouve dans une ferme. (Pages 93, 94).

(Certificat d'études, Pas-de-Calais, juin 1892).

27 — Vous indiquerez les animaux domestiques qui vivent ordinairement dans nos maisons ou autour de nous, dans l'étable, la basse-cour, et vous rappellerez les services qu'ils nous rendent. (Pages 93 et suivantes).

(Certificat d'études, Aisne, 1891).

28. — Parlez des Oiseaux: En quoi les Oiseaux nous sont-ils utiles? (Pages 57, 58, 94).

(Certificat d'études du Morbihan).

29. — Quelles sont les ressources que nous empruntons au règne animal? Indiquez les produits que nous en tirons tous les jours. (Pages 93 et suivantes).

(Certificat d'études, Finistère, 1892).

LES VÉGÉTAUX.

30. — A quoi reconnaissez-vous qu'une plante est Dicotylédonée, Monocotylédonée, Acotylédonée? Indiquez trois plantes de chaque embranchement. (Pages 97, 98).

31. — Que savez-vous sur les racines des végétaux? utilité, formes diverses, parti que nous en tirons. (Pages 99 et 100).

32. — La tige des végétaux a-t-elle la même composition : comparez celle du chêne à celle du palmier? Quel parti tirons-nous des tiges? (Pages 100, 101, 102).

33. — Que savez-vous sur les feuilles des végétaux? Couleurs, formes, dispositions sur le rameau, simples, composées; leurs fonctions; parti que nous en tirons. (Pages 103, 104, 105).

34. — Quels sont les parties qui constituent une fleur complète? Toutes les fleurs sont-elles complètes? Exemples. (Pages 106, 107, 108).

35. — Parlez du fruit en général. — Sont-ils tous bons à manger? Quels sont les emplois des fleurs et des fruits. (Pages 109, 110, 111).

36. — Sur quels caractères est fondée la classification des végétaux en famille? Indiquez les principales familles des Décotylédones et citez trois plantes de chaque famille. (Pages 112 et suivantes).

37. — Parlez des plantes Monocotylédones; signalez les principales familles et trois plantes de chaque famille. (Pages 119 et suivantes).

38. — Quelles sont les principales familles de l'embranchement des Acotylédones? Où se trouvent les organes qui remplacent les graines. (Pages 122 et suivantes).

39. — Dites ce que vous savez des Champignons, puis des Algues. (Pages 123, 124).

PHYSIQUE.

40. — Qu'entend-on par différents états des corps? Montrez qu'il est possible qu'un corps passe par les trois états; définissez les trois états. (Pages 127, 128, 129).

41. — Tous les corps sont-ils pesants? Tombent-ils également vite dans l'air? Pourquoi pas? Et dans le vide? Définissez la pesanteur et indiquez la direction que prend tout corps qui tombe librement. (Pages 129, 130, 131).

42. — A quoi servent les leviers? Leur donne-t-on la même disposition! (Page 132).

43. — Indiquez la disposition et les usages de la balance. Comment s'en sert-on? (Pages 133, 134).

44. — Parlez du jet d'eau. Comment se fait-il que l'eau jaillit? (Page 135).

45. — Les corps paraissent-ils avoir le même poids dans l'air que dans l'eau? Pourquoi pas; indiquez quelles conditions doit remplir un corps pour flotter ou pour s'enfoncer dans un liquide ou pour rester au milieu de la masse. (Pages 136 et 137).

46 — Dites ce que vous savez de la pesanteur de l'air. — Poids du litre d'air, pression que l'atmosphère exerce sur nous, pourquoi nous résistons à cette pression; crève-vessie. (Pages 138, 139, 140).

47. — Rappelez l'expérience de Torricelli et dites ce que c'est qu'un baromètre. Comment mesure-t-on la pression? (Pages 140, 141, 142).

48. — Quels sont les usages du baromètre? A propos de l'un d'eux, rappelez l'expérience de Pascal. (Page 142).

49. — Parlez de la pipette, de la seringue, de la pompe et dites pourquoi l'eau se maintient ou s'élève dans ces appareils. (Pages 143 et 144).

50. — Que savez-vous des ballons? Disposition première des mongolfières. — Ballons actuels. — Raison de leur élévation. (Pages 146 et 147).

51. — Parlez de la dilatation chez les solides, les liquides, les gaz; comme la constate-t-on? (Page 150).

52. — Le thermomètre, construction, graduation, usage. (Pages 152 à 155).

53. — Indiquez la particularité que présente l'eau quand sa température s'abaisse. — Maximum de densité, la glace qui surnage, gelée des plantes, etc. (Pages 157, 158, 159).

54. — Parlez de la vapeur, sa production, ses applications. (Pages 159, 160).

55. — Expliquez le phénomène de la rosée; de la gelée blanche, signalez ses effets désastreux; comment peut-on les atténuer. (Pages 165, 166).

56. — Indiquez comment se forment les brouillards, les nuages, la pluie, la neige. (Pages 166, 167).

57. — La lumière : sa marche, sa vitesse, sa réflexion, miroirs. (Pages 168, 169, 170).

58. — La réfraction de la lumière : bâton brisé, lentilles, loupe, décomposition de la lumière blanche. (Pages 171, 172 et 173).

59. — Le son, sa production, sa vitesse, ses qualités, écho. (Pages 174, 175, 176, 177, 178).

60. — Parlez des premières manifestations de l'électricité: attractions avec la résine, avec le fer; étincelles. (Pages 179 et 180).

61. — Piles. — Cause productrice de leur électricité, courant, effets. (Pages 181, 182, 183).

62. — La foudre et le paratonnerre. (Pages 183, 184, 185).

63. — Que savez-vous sur les aimants? — naturels, fabriqués, direction constante, application. (Pages 185, 186).

64. — Indiquez un moyen d'aimanter instantanément un barreau de fer pur. Signalez les causes des productions les plus puissantes d'électricité. (Pages 187, 188).

CHIMIE.

65. — L'eau. — Nature, composition, couleur, poids. A quoi reconnait-on qu'elle est potable? Usages. (Pages 191, 192, 193, 194).

66. — Indiquez les caractères distinctifs de l'Oxygène, l'Hydrogène, l'Azote. — Où les trouve-t-on? Comment pourriez-vous les distinguer? (Pages 194 et suivantes).

67. — L'air et l'atmosphère. — Nature, composition, couleur et poids de l'air, son utilité pour les animaux et les végétaux. Combustion, respiration. (Page 198).

(Certificat d'études, Oise, 1892).

68. — Nommez et décrivez sommairement les principaux Charbons naturels en commençant par le plus pur. Indiquez leurs usages. (Pages 200, 201, 202).

69. — Parlez de la Houille, de son extraction. Dites quelles sont les régions de la France où on la trouve en abondance. Faites connaître les principaux services qu'elle nous rend. (Pages 201, 202).

(Certificat d'études, Seine-et-Oise, 1892).

70. — Dites quelques mots des charbons artificiels : Préparation, usages. (Pages 202, 203, 204).

71. — Parlez des combinaisons gazeuses du Charbon avec l'Oxygène : l'oxyde de carbone et l'acide carbonique. (Pages 204, 205, 206, etc.).

72. — Parlez des combinaisons gazeuses du Charbon avec l'Hydrogène : le gaz des marais et le gaz d'éclairage. (Pages 208, 209).

73. — Que savez-vous sur le Soufre et le Phosphore; extraction, propriétés, usages. (Pages 210 et suivantes).

74. — Parlez des métaux usuels : aspect, propriétés, extraction, usages. (Pages 214 et suivantes).

75. — Que savez-vous du Fer; son traitement, ses variétés, leurs usages. (Pages 214, 215).

76. — Nommez, décrivez et indiquez les usages des principales variétés de Carbonate de chaux (pierres calcaires). (Pages 219, 220).

77. — Que savez-vous sur la Silice, l'Argile, les Schistes; variétés, usages. (Pages 221, 222).

78. — Qu'entendez-vous par roches sédimentaires; roches ignées? Indiquez des roches ignées. (Pages 225, 226).

79. — Qu'est-ce que la digestion ? Où et comment s'opère-t-elle ? bonne digestion; mauvaise digestion (Pages 9, 10, 11, 12, 13, 14).
(Hautes-Pyrénées, canton de Saint-Laurent, 1893.)

80. — Dites ce que vous savez sur l'oiseau que vous connaissez le mieux. (Pages 57 et suivantes.)
(Côtes-du-Nord, 1893.)

81. — Avez-vous examiné attentivement une feuille de végétal ? Laquelle ? Qu'avez-vous remarqué sur chaque face? Quelles sont les fonctions des feuilles? Avez-vous vu quelques expériences relatives à ces fonctions. (Pages 103, 104, 195.)
(Yonne, 1893.)

82. — L'eau. — Ses différents états. — Montrer les services que l'eau rend à l'homme, aux animaux, à l'agriculture, à l'industrie et au commerce. (Pages 191, 192, 193, 194.)
(Côte-d'Or, 1893.)

83. — Parlez de la houille, de son extraction, etc... (Même question que le n° 67.)
(Côte-d'Or, canton de Grancey-le-Château, 1893.)

84. — Dites ce que vous savez sur les différents procédés d'éclairage que vous connaissez, soit pour l'éclairage des appartements, soit pour celui des rues. (Pages 209, 210, 188.)
(Morbihan, 1893.)

85. — Votre maître vient de faire une leçon sur le fer. Vous écrivez à l'un de vos amis et lui résumez cette leçon. (Pages 214, 215.)
(Mayenne, 1893.)

FIN DES DEVOIRS DE RÉDACTION

TABLE DES MATIÈRES

LIVRE PREMIER

ZOOLOGIE (L'HOMME)

		Pages.
CHAPITRE	I. — L'Homme	1
—	II. — Squelette	4
—	III. — Digestion	8
—	IV. — Circulation	16
—	V. — Respiration	20
—	VI. — Sensations — Intelligence	24
—	VII. — **Soins à donner en cas d'accidents**	29

LIVRE II

ZOOLOGIE (LES ANIMAUX)

CHAPITRE	I. — Classification	39
—	II. — Mammifères	43
—	III. — Fin des Mammifères	50
—	IV. — Oiseaux	57
—	V. — Reptiles	64
—	VI. — Batraciens	68
—	VII. — Poissons	71
—	VIII. — Annelés	73
—	IX. — Mollusques — Zoophytes	82
—	X. — Animaux nuisibles	87
—	XI. — Animaux utiles	93

LIVRE III

BOTANIQUE

CHAPITRE	I. — Graine — Racine — Tige — Feuilles	97
—	II. — Fleurs et Fruits	106
—	III. — Principales familles	111

LIVRE IV

PHYSIQUE

Pages.
CHAPITRE I. — Les trois états des corps. . . . 127
— II. — Pesanteur — Leviers. 129
— III. — Pesanteur des liquides 135
— IV. — Pesanteur de l'air. 138
— V. — Chaleur. 149
— VI. — Changement d'état des corps. . 155
— VII. — Météorologie 165
— VIII. — La Lumière. 168
— IX. — Le Son. 174
— X. — Électricité. 179

LIVRE V

CHIMIE

CHAPITRE I. — Eau — Air.. 191
— II. — Solides combustibles — Le charbon.. 200
— III. — Métaux 214
— IV. — Pierres — Terrains. 218

DEVOIRS DE RÉDACTION

L'Homme et les Animaux.. 227
Les Végétaux. 229
Physique. 230
Chimie. 231

FIN DE LA TABLE DES MATIÈRES.

Tours, imp. Deslis Frères, rue Gambetta, 6

A LA MÊME LIBRAIRIE

La seconde partie expose, en une série d'études graduées, la méthode *uniforme et absolument générale* qui permet d'appliquer les lois de la perspective à la reproduction de *tous les modèles possibles*, depuis les plus simples objets usuels jusqu'à la figure humaine.

A l'exposé de cette méthode sont joints tous les détails qu'il est utile de connaître pour *l'exécution matérielle* d'un dessin, depuis le simple tracé d'un trait à main-levée jusqu'à l'indication des ombres et du modelé de corps.

En un mot, l'auteur ne s'est point contenté d'exposer les lois et les principes du dessin ; il a voulu ne rien négliger de ce qui peut en faciliter l'application par les débutants les moins expérimentés.

Ce livre sera, croyons-nous, un utile auxiliaire pour les maîtres ; il pourra les suppléer auprès des élèves en mainte circonstance. Pour les élèves, il sera un maître toujours présent, toujours prêt à les conseiller, à répondre à toutes les questions de *théorie* ou de *pratique* dont ils seraient embarrassés.

Figure extraite de la partie théorique

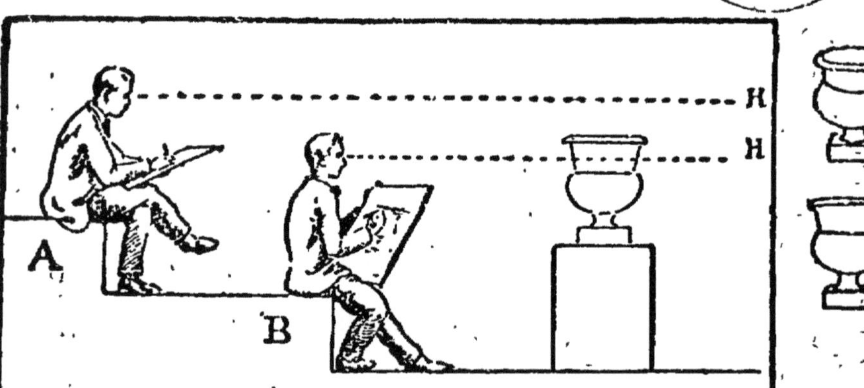

Influence qu'exerce la hauteur de l'horizon sur la forme apparente des corps

www.ingramcontent.com/pod-product-compliance
Ingram Content Group UK Ltd.
Pitfield, Milton Keynes, MK11 3LW, UK
UKHW021058230726
13926UKWH00004B/1932